机械系统动态仿真技术

梁 超 苏 畅 著

 合肥工业大学出版社

图书在版编目(CIP)数据

机械系统动态仿真技术/梁超,苏畅著. —合肥:合肥工业大学出版社,2022.2
ISBN 978 - 7 - 5650 - 5015 - 2

Ⅰ.①机… Ⅱ.①梁…②苏… Ⅲ.①机械系统—系统仿真—研究 Ⅳ.①TH122

中国版本图书馆 CIP 数据核字(2020)第 232948 号

机械系统动态仿真技术

梁 超 苏 畅 著   责任编辑   马 成 勋

出 版	合肥工业大学出版社	版 次	2022 年 2 月第 1 版
地 址	合肥市屯溪路 193 号	印 次	2022 年 2 月第 1 次印刷
邮 编	230009	开 本	787 毫米×1092 毫米 1/16
电 话	理工图书出版中心:0551 - 62903018	印 张	12.75
	营销与储运管理中心:0551 - 62903198	字 数	300 千字
网 址	www.hfutpress.com.cn	印 刷	安徽昶颉包装印务有限责任公司
E-mail	hfutpress@163.com	发 行	全国新华书店

ISBN 978 - 7 - 5650 - 5015 - 2   定价:35.00 元

前　　言

　　本书主要介绍基于 ADAMS 及 MATLAB/Simulink 的机械系统仿真方法与原理。本书是作者在多年的教学实践过程中逐渐积累而成的,内容由浅入深,易于教师教学和学生自学。机械系统及仿真软件的原理与方法分散于全书的各个教学案例中,内容由简单到复杂,着重在操作方法上揭示机械系统仿真的基本原理与方法,便于读者学习与理解。

　　本书第 1 章介绍了机械系统及仿真的基本概念、技术背景与发展趋势。第 2 章介绍 MATLAB/Simulink 的基本模块与操作方法。第 3 章介绍 ADAMS 的基本模块与操作方法。第 4 章介绍了单自由度系统的 ADAMS 与 MATLAB/Simulink 仿真基本方法与原理,对同一案例用两不同的仿真方法进行仿真,比较这两种仿真系统在方法与原理上的异同。第 5 章介绍二自由度系统的原理与仿真,采用两种不同的仿真系统分别仿真,着重于操作过程。第 6 章介绍平面矢量的概念以及闭环矢量方程在平面机构仿真中的应用原理与方法。第 7 章介绍机构的轨迹规划原理与方法。第 8 章介绍了间隙副机构的基本概念与数学模型,并通过案例对仿真方法与原理进行介绍。第 9 章介绍 ADAMS 的参数化建模、设计与优化分析等内容。

　　本书前 7 章适合机械学科或相近专业的本科学生学习,后两章内容相对较深,适合相关专业的研究生学习。第 1 章、第 2 章、第 5 章、第 6 章、第 9 章由梁超完成,第 3 章、第 4 章、第 7 章、第 8 章以及部分章节作业均由苏畅完成。

本书在出版过程中,得到了教研室张立祥教授的关心与支持,在此对他表示真诚的感谢。

本书从动笔到完成,历经三年多,内容与结构也几经变化,难免有疏漏与错误之处,请读者不吝指教。

梁　超　　苏　畅

2021 年 10 月于安徽理工大学

目　　录

第 1 章　机械系统仿真概论

1.1　机械系统概述

一般来说,机械系统是指由一定的零件或部件组成,并能完成一定功能的整体。随着科技的发展,机械系统的内涵不断变化。机电一体化已成为现代机械的最主要特征,机电一体化设备已发展成为光、机、电、声、控制等多学科有机融合的整体。现代机械系统是综合运用了机械工程、控制系统、电子技术、计算机技术和电工技术等多种手段,将计算机技术融合于机械的信息处理和控制功能中,实现机械运动、动力传递和变换,完成设定的机械功能的机械系统。

1.1.1　机械系统组成

系统的范围要根据研究对象来界定,一个完整的机器可以是一个系统,机器的一个相对独立的部分也可以看成一个子系统。一个完整的机器由动力装置、传动装置、执行机构、操纵系统/控制系统及支承部分组成。

1. 动力装置

动力系统包括动力机及其配套装置,是机械系统工作的动力源。按能量转换性质的不同,有把自然界的能源(一次能源)转变为机械能的机械,如内燃机、汽轮机、水轮机等动力机;有把二次能源(如电能、液能、气能)转变为机械能的机械,如电动机、液压马达、气动马达等动力机。动力机输出的运动通常为转动,而且转速较高。选择动力机时,应全面考虑执行系统的运动和工作载荷、机械系统的使用环境和工况以及工作载荷的机械特性等要求,使系统既有良好的动态性能,又有较好的经济性。

2. 传动装置

传动装置是把动力机的动力和运动传递给执行系统的中间装置。传动装置主要有以下几项功能:

① 改变系统速度。动力机的原始速度是不能满足工作需要的,需要把动力机的速度

— 1 —

降低或提高,以适应执行系统工作的需要。有时,系统还需要多个速度以适应工作要求,通过变速机构来控制系统。

② 改变运动规律或形式。把动力机输出的旋转运动形式转变为按某种需要的规律形式,如变化的旋转,非旋转或者连续、间歇的运动形式等,以满足执行装置的运动要求。

③ 改变动力大小。在动力机功率恒定的情况下,变速机构会将输出的动力按规律改变,然后传递到执行装置,供给执行装置完成预定任务所需的转矩或力。

由于现代机电控制技术的发展,一些现代动力机的速度与动力要求完全符合执行装置的工作要求,此时则可以不再需要中间的传动装置,而将动力机与执行装置直接连接。

3. 执行机构

执行机构是完成机械最终功能的执行部分,有的机械设备包含一套单独的机械系统,以完成整个机械系统的功能。不同的功能要求对运动和工作载荷的机械特性要求也不相同,因而各种机械系统的执行机构也不相同。执行机构通常处在机械系统的末端,直接与作业对象接触,是机械系统的输出系统。因此,执行机构工作性能的好坏将直接影响整个系统的性能。执行机构除应满足强度、刚度、寿命等要求外,还应满足运动精度和动力学特性等要求。

4. 操纵系统/控制系统

操纵系统和控制系统都是为了使动力系统、传动系统、执行系统彼此协调运行,并准确、可靠地完成整机功能的装置。二者的主要区别是:操纵系统一般是指通过人工操作来实现启动、离合、制动、变速、换向等要求的装置;控制系统则是指通过人工操作或测量元件获得的控制信号,经由控制器,使控制对象改变其工作参数或运行状态而实现上述要求的装置,如伺服机构、自动控制装置等。良好的控制系统可以使机械处于最佳运行状态,提高其运行稳定性和可靠性,并有较好的经济性。

5. 支承部分

支承部分有时又称机架,是机械系统其他部分安装的基础。

1.1.2 机械系统分类

从不同的角度来分析,机械系统的分类有不同的结果。从系统的输入与输出的关系来看,系统可以分为线性系统与非线性系统;从系统的质量分布与变形特征来看,系统又可以分为连续系统或离散系统。不同的学科对系统的分类可能存在较大的差异。

任何机械结构或其零部件都有质量与刚度。当机械系统工作时,如果系统的变形很小,可以忽略不计时,则可以近似地认为系统是由刚性构件构成的。当系统的变形不能忽略时,则机械系统的动力学模型是一个弹性系统。

1. 连续杆系统

连续系统是由弹性元件组成。弹性元件的惯性、弹性、阻尼是连续分布的,典型的弹性元件如杆、轴或板等(如图1-1所示)。从变形与作用力关系的角度来看,如图1-1所示的悬臂杆系统是一个非线性系统。

图 1-1　悬臂杆系统

2. 离散系统

离散系统是由一些集中的质量、弹簧或阻尼元件组成。典型的离散系统如图 1-2 所示的单质点-弹簧系统。从作用力与输出变形的关系来看,如图 1-2 所示的系统又可以称作线性系统。

在系统仿真问题中,经常把机械系统简化为质点-刚度-阻尼系统。即系统的质量分布在有质量的点上,质点之间存在有弹性系数的弹簧连接,大小用刚度系数来描述,质点之间存在阻尼。有质量的质点称为当量质量,质点间的弹性称为当量刚度,阻尼称为当量阻尼。

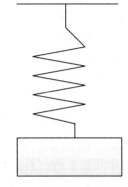

图 1-2　单质点-弹簧系统

1.2　系统仿真概述

机械系统的分析、设计和控制需要建立在简洁、可靠的模型基础上。由于实际问题的复杂性,机械系统动力学模型往往要由理论和试验相结合来确定。

仿真的研究对象是系统。从普遍意义来看,系统是各个学科共同使用的一个基本概念。由于系统实在是包罗万象,在不同的学科领域中,对系统的定义可能有所不同。构成系统的各组成部分可称为子系统或分系统,而系统本身又可看作它所从属的那个更大的系统的组成部分,因此,仿真系统的确定应当根据实际需要来划分。

从理论上讲,为了研究系统,可以用实际系统来做试验,但往往出于经济、安全及可能性等方面的考虑,或者系统还处于设计中,或实际系统尚不存在等原因,需要借助系统虚拟模型进行试验。为了创建实际机械系统的虚拟模型,需要开发计算机建模技术或数学建模技术,从实际系统到仿真模型,也需要相应的理论处理原则。对复杂系统的模型处理和模型求解一般需要高性能计算机,因此,仿真的三个基本要素是系统、系统模型和计算机,而联系这三个要素的基本活动是模型建立、仿真模型建立和仿真试验,系统仿真三要素如图 1-3 所示。

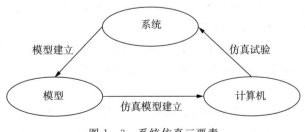

图 1-3　系统仿真三要素

仿真作为分析和研究系统运动行为,是揭示系统动态过程和运动规律的一种重要手段和方法,在众多科技领域中都有着迫切的需求。近年来,在系统科学、控制理论、信息处理技术及计算机技术的发展推动下,仿真科学在理论研究、工程应用、仿真工程和工具开发环境等方面取得了令人瞩目的成就,逐渐形成了一门独立发展的综合性学科。

仿真学科涉及的应用领域十分宽广,广泛地在多个领域之间交叉应用,如工程和经济领域的相互交叉(产品与市场总是密切相关的)、工程和军事领域的相互交叉(战争与武器也是密不可分的)等。仿真学科的应用渗透到决策、管理、科研、生产等领域的各个层次,根据目前的技术水平,大体可分为三个层次的应用:

① 顶层应用。主要是对各个领域顶层系统的效果评估与辅助决策等方面起到重要作用。如对国家的某项经济政策可能会引起的整个国民经济的反映进行评估,对某大型水利工程(如三峡工程)影响生态环境、经济发展等进行评估,对某项大的军事行动(如美军对伊战争)的效果进行评估,等等。

② 中间层应用。主要指各种项目的方案论证,从总体技术方案到具体的实施方案的论证。如某项产品(如新型汽车的设计)的投资决策、市场分析、产品性能/价格比分析,某类武器型号或某工程项目的立项论证,等等。

③ 底层应用。指仿真作为产品的辅助设计、性能考核、故障定位等强有力的工具,在各领域的各类产品的研制开发过程中,为研究人员提供了重要的技术支撑。如某具体产品(如陀螺仪、汽车发动机等)的故障定位、性能指标调整,某型汽车的虚拟样机设计、试验、评估、投产决策,等等。

本书所涉及的内容主要是机械系统,属于系统仿真的底层应用,主要研究机械系统的输入输出特性(如线性或非线性),不同的物理量对机械系统的作用(如耦合问题),包含不同物理材料的系统的相互作用关系(如柔性连接问题)以及机械系统的最优化设计问题等。

1.2.1 仿真定义及内涵

计算机仿真是指在研究中利用数学模型或物理模型来获取系统的一些重要特性参数,这些数学模型或物理模型通常是由以时间为变量的常微分方程来描述,并用数值方法进行计算机仿真求解的。随着硬软件技术的发展,利用计算机仿真可以对整个机械系统及其过程进行广泛的研究,如连杆机构的运行、机械结构的应力变形或者结构优化设计等。进行系统仿真,一般具有以下特点:

① 它是一种对系统问题数值求解的计算技术。尤其当系统无法通过建立数学模型求解时,模型仿真技术能有效地处理。

② 仿真是一种人为的试验手段。它和现实系统实验的差别在于,仿真实验不是依据实际环境,而是在实际系统映像的系统模型以及相应的"人造"环境下进行的。这是仿真的主要功能。

③ 仿真可以比较真实地描述系统的运行、演变及其发展过程。仿真支撑系统是进行仿真试验的软件和硬件环境,是仿真的重要工具。相似理论是研究仿真支撑系统的理论

依据和重要准则之一,而计算机技术、网络技术、图像处理技术等许多相关领域飞速发展的新技术促进了仿真支撑系统(环境)的技术飞跃。

1.2.2　仿真支撑系统

在仿真技术发展过程中,技术人员研制出各类物理效应设备、仿真支撑系统(数学仿真和半实物仿真的硬件和软件平台)以及生成各种实时仿真环境。这些技术发展又逐渐成为仿真学科研究中的一大分支。

仿真支撑系统研究的主要内容有:仿真系统总体技术、建模/仿真试验/评估工具引擎技术、VR/可视化技术、集成框架/平台技术、中间件/网格、网络/通信技术、数据库/模型库/知识库/内容管理以及仿真计算机等。表 1-1 中详细列出仿真支撑系统的研究内容,其中有一些内容涉及多种学科,仿真学科要研究的是实现这些技术要求的具体指标以及在仿真中应用这些相关技术的方法。

仿真支撑系统的研制目前已经发展为仿真产业,为在教育与文化娱乐以及国防工业与军事应用领域等应用仿真技术提供了重要的支撑平台。

表 1-1　仿真支撑系统的研究内容[1]

名　称	研究内容
仿真系统总体技术	规范化体系结构、标准,规范与协议系统集成技术和集成方法,如基于 HLA 标准的全生命周期建模仿真工具的互操作与集成技术
建模/仿真试验/评估工具引擎技术	支持(复杂)仿真工程全生命周期各类活动、面向问题的建模/仿真试验/评估的各类算法(串/并/分布)、程序、语言、软件及工具
VR/可视化技术	计算机图形生成、多媒体、VR 及人机交互技术等
集成框架/平台技术	基于 HLA 的协同仿真平台、综合仿真环境、仿真网格平台等
中间件/网格	CORBA/COM/DCOM/RTI/XML 技术、下一代网格中间件技术等
网络/通信技术	Internet 有关技术、IPv6、以智能光网为核心的下一代光网技术、采用 4G、5G 的下一代无线通信网技术
数据库/模型库/知识库/内容管理	关系/面向对象等数据库建立与管理技术,包括分布式数据库、主动数据库、实时数据库、演绎数据库、并行数据库、多媒体数据库
	数据/知识挖掘技术、数据/知识仓库技术、实时/分布模型库技术、内容管理技术等
仿真计算机	个人计算机、大/中型计算机、并行机及基于 Internet/web/网格技术的网格计算系统

1.2.3 仿真系统分类及概述

从不同的角度,仿真类型有不同的划分方法。根据仿真所采用的模型,可将仿真模式划分为数学仿真和物理仿真两大类。根据分析中的力-时间关系,又可以将仿真分析分为运动学仿真和动力学仿真。

1. 物理仿真和数学仿真

物理仿真亦称为实物仿真,它是在系统生产出样机后,将系统实物全部或部分的引入计算机系统中,由于物理仿真能将系统的实际参数、数学仿真中难以考虑到的非线性因素和干扰因素引入仿真系统,因此物理仿真更接近系统的实际情况,通过仿真可以检验实际系统工作的可靠性,可以准确地调整系统元部件的参数。

数学仿真就是将数学模型转换成一种数值计算流程的作用。这一过程是将原始数学模型转换成仿真模型,通过对计算机模型的运行计算达到对原始系统研究的目的。数学仿真在系统设计阶段和分析阶段是十分重要的,通过数学仿真可以检验理论设计的正确性。

无论是数学仿真还是物理仿真,其过程也是一种虚拟实验的过程,可以起到系统地收集和积累信息的过程。尤其是对一些复杂的随机问题,应用仿真技术是一种提供所需系统信息的最佳方法。通过系统仿真,复杂系统可以降阶成若干子系统以便于分析,此过程还能启发新的思想或产生新的策略,暴露出原系统中隐藏着的一些问题,以便及时解决。

2. 运动学仿真和动力学仿真

运动学是理论力学的一个分支学科,它是运用几何学的方法来研究物体的运动,通常不考虑力和质量等因素的影响。用几何方法描述物体的运动必须确定一个参照系,因此,单纯从运动学的观点看,对任何运动的描述都是相对的。这里,运动的相对性是指经典力学范畴内的,即在不同的参照系中时间和空间的量度相同,和参照系的运动无关。

运动学主要研究点和刚体的运动规律。点是指没有大小和质量,在空间占据一定位置的几何点。刚体是没有质量、不变形,但有一定形状、占据空间一定位置的形体。运动学包括点的运动学和刚体运动学两部分。掌握了这两类运动,才可能进一步研究变形体(弹性体、流体等)的运动。在变形体研究中,必须把物体中微团的刚性位移和应变分开。点的运动学研究点的运动方程、轨迹、位移、速度、加速度等运动特征,这些都随所选的参考系不同而异。而刚体运动学还要研究刚体本身的转动过程、角速度、角加速度等更复杂的运动特征。刚体运动按运动的特性又可分为:刚体的平动、刚体定轴转动、刚体平面运动、刚体定点转动和刚体一般运动。

动力学是理论力学的一个分支学科,它主要研究作用于物体的力与物体运动的关系。

动力学的研究以牛顿运动定律为基础,牛顿运动定律的建立则以实验为依据。动力学是牛顿力学或经典力学的一部分,但自 20 世纪以来,动力学又常被人们理解为侧重于工程技术应用方面的一个力学分支。

动力学以牛顿第二定律为核心,这个定律指出了力、加速度、质量三者间的关系。牛顿首先引入了质量的概念,而把它和物体的重力区分开来,说明物体的重力只是地球对物体的引力。作用和反作用定律建立以后,人们开展了质点动力学的研究。

动力学的基本内容包括质点动力学、质点系动力学、刚体动力学、达朗贝尔原理等。以动力学为基础而发展出来的应用学科有天体力学、振动理论、运动稳定性理论、陀螺力学、外弹道学、变质量力学以及正在发展中的多刚体系统动力学等。

质点动力学有两类基本问题:一是已知质点的运动,求作用于质点上的力;二是已知作用于质点上的力,求质点的运动。求解第一类问题时只要对质点的运动方程取二阶导数,得到质点的加速度,运用牛顿第二定律,即可求得力;求解第二类问题时需要求解质点运动微分方程或求积分。

动力学普遍定理是质点系动力学的基本定理,它包括动量定理、动量矩定理、动能定理以及由这三个基本定理推导出来的其他定理。动量、动量矩和动能是描述质点、质点系和刚体运动的基本物理量。作用于力学模型上的力或力矩,与这些物理量之间的关系构成了动力学普遍定理。达朗贝尔原理是研究非自由质点系动力学的一个普遍而有效的方法。这种方法是在牛顿运动定律的基础上引入惯性力的概念,从而用静力学中研究平衡问题的方法来研究动力学中不平衡的问题,所以又称为动静法。

1.3　仿真软件概述

目前,仿真技术已经在各个领域得到广泛的应用,涉及机械、流体、结构、岩土、土木、隧道、生物、电磁、海洋、优化、化工、人体、逆向建模等多个学科。在各个行业,不同的仿真软件数量较多,本章节只针对机械行业相关的仿真软件进行简单介绍。在工程领域,用于系统性能评估,如机构动力学分析、控制力学分析、结构分析、热分析、加工仿真等。目前的相关软件有 ANSYS、FLUENT、Icepak、CFX、Star－ccm＋、ABAQUS、ADINA、ADAMS、Nastran、LS‐DYNA、HyperMesh、ANSA、MATLAB、Virtual Lab、Isight、Ansoft、Phoenics、Petrel、ESL、Midas、Flac‐3d、PFC、Plaxis、SPA2000、Python、Deform、Sysweld、 CREO （Pro/E）、 CATIA、 UG、 Imageware、 Geomagic、 Solidworks、AUTOCAD 等。

这些软件各有不同的特点,其功能也各有特色,可以分为以下四类:
① 以建模为主的软件;
② 以有限元分析为主的软件;
③ 多体动力学分析软件;
④ 工程计算软件。

一般来说,上述软件均具有机械结构强度分析、运动学及动力学仿真分析等功能,有一些软件还具有结构优化计算功能。从模型仿真与数学仿真的角度来看,本书选择的应用软件为 ADAMS 与 MATLAB。

1.3.1　虚拟样机类软件

虚拟样机类软件以 ADAMS、CATIA、Solidworks、CREO(Pro/e)、UG 等为代表。ADAMS 软件以虚拟样机分析功能为主,建模功能相对较弱,对其论述是本书的主要内容。而 CATIA、Solidworks 等软件以三维设计、建模、逆向、模型等功能为主,同时具有一定的运动学、动力学仿真功能,有些还具有一定的有限元计算功能。

1. CATIA 软件

CATIA 软件除了具有强大的三维/曲面建模功能以外,还集成了多个专业模块,如逆向工程模块(CGO)、空间分析模块(SPA)、创成式零件分析及优化(GPO)、机构设计运动分析模块(KIN)等。这些模块的功能均可以在一定程度上获得机构的动态运行参数,并进行相应的分析,为机械结构设计、优化或机械运行等提供指导。

2. Solidworks 软件

Solidworks 软件为一款功能强大的三维建模软件,其操作模式是基于 Windows 的操作风格,易于用户学习与操作。Solidworks 的专业模块特色较强,其中文版对中国国家标准支持很强。Solidworks 无缝集成了有限元仿真模块 simulation 和运动/动力学仿真模块 Solidworks motion,设计人员在设计与分析时,可以实现快速地无缝转换,是机械设计人员最有力的工具。

3. CREO(Pro/E)软件

CREO(Pro/E)也是具有强大功能的三维建模软件,其版本中具有中文版,模块中含有有限元分析模块、机构动力学分析模块。CREO(Pro/E)定位于高端市场应用,建模-仿真一体,但其建模方法、风格与 Solidworks 及 CATIA 有较大的区别,初学者不太容易入手。

1.3.2　数学计算类软件

数学计算类软件与建模仿真类软件不同,是基于数学分析过程的软件。这类软件的特征是关注于数学计算过程的计算模块流程创建,而不是物理模型。这类软件如 MATLAB 等。

MATLAB 是 MathWorks 公司于 1982 年推出的一套高性能的数值计算和可视化软件。它集数值分析、矩阵运算、信号处理和图形显示于一体,构成了一个方便、界面良好的用户环境。MATLAB 主要适用于矩阵运算和信息处理领域的分析设计,它使用方便、输入简捷、运算高效、内容丰富,并且有大量的函数库可提供使用,与 Basic、C 语言和 Fortran 相比,用 MATLAB 编写程序,其问题的提出和解决只需要以数学方式表达和描述,不需要大量烦琐的编程过程。MATLAB 软件主要包括主包、Simulink 和工具箱三大部分。

Simulink 提供一个动态系统建模、仿真和综合分析的集成环境。在该环境中,无须大量书写程序,而只需要通过简单、直观的鼠标操作,就可构造出复杂的系统。Simulink 是用于动态系统和嵌入式系统的多领域仿真和基于模型的设计工具。对各种时变系统,包括通信、控制、信号处理、视频处理和图像处理系统,Simulink 提供了交互式图形化环境和可定制模块库来对其进行设计、仿真、执行和测试。

1.3.3　有限元软件概述

有限元方法是解决工程、数学问题和物理问题的数值方法,也称为有限单元法,是矩阵方法在结构力学和弹性力学等领域中的应用和发展。由于它的通用性和有效性,有限元方法在工程分析中得到了广泛的应用,已成为计算机辅助设计和计算机辅助制造的重要组成部分。20 世纪 60 年代末,有限元方法出现后,由于当时理论尚处于初级阶段,而且计算机的硬件及软件也无法满足需求,因此无法在工程中得到普遍的应用。从 20 世纪 70 年代初开始,一些公司开发出了通用的有限元应用程序,它们以其强大的功能、简便的操作方法、可靠的计算结果和较高的效率而逐渐成为结构工程中强有力的分析工具。有限元软件数量众多,其中以 ANSYS、ABAQUS、ADINA 等为代表。

1. ANSYS 软件

ANSYS 软件融合了结构、热、流体、电磁、声学等分析功能于一体,广泛用于核工业、铁道、石油化工、航空航天、机械制造、能源、汽车交通、国防军工、电子、土木工程、造船、生物医学、轻工、地矿、水利、日用家电等一般工业及科学研究。ANSYS 软件主要包括三个模块:前处理模块、分析计算模块、后处理模块。

① 前处理模块提供了一个强大的实体建模及网格划分工具,用户可以方便地构建有限元模型。

② 分析计算模块包括结构分析(可进行线性分析、非线性分析和高度非线性分析)、流体动力学分析、电磁场分析、声场分析、压电分析以及多物理场的耦合分析等。软件提供了 100 种以上的单元类型,用来模拟工程中的各种结构和材料,可模拟多种物理介质的相互作用,具有灵敏度分析及优化分析能力。

③ 后处理模块可将计算结果以彩色等值线显示、矢量显示、粒子流迹显示、立体切片显示、透明及半透明显示(可看到结构内部)等图形方式显示出来,也可将计算结果以图表、曲线形式显示或输出。

2. ABAQUS 软件

ABAQUS 软件的突出特点是具有强大的非线性分析功能,其解决问题的范围从相对简单的线性分析到复杂的非线性问题。ABAQUS 包括一个丰富的、可模拟任意几何形状的单元库,并拥有各种类型的材料模型库。ABAQUS 可以模拟典型工程材料的性能,其中包括金属、橡胶、高分子材料、复合材料、钢筋混凝土、可压缩超弹性泡沫材料以及土壤和岩石等地质材料。作为通用的模拟工具,ABAQUS 除了能解决大量结构(应力 / 位移)问题,还可以模拟其他工程领域的许多问题,例如热传导、质量扩散、热电耦合分析、声学分析、岩土力学分析(流体渗透 / 应力耦合分析)及压电介质分析。

1.4 机械系统的动态特性

机械系统从动态分析的角度来划分,可以划分为线性系统与非线性系统,或离散系统与连续系统。当系统运行时,系统具有随时间变化而变化的工作状态。

系统的动态特性是指状态变量发生变化时系统的状态参数也随之作相应的变化,系统从一个稳态到另一个稳态的过渡过程中所表现出来的特性。

1.4.1 研究机械动态特性的意义

研究系统的动态特性是改进系统设计的最重要的方法之一。一般来说,机械系统总是在振动与冲击状态之下工作,零部件在工作过程中在这些力的作用下出现磨损与损坏。研究系统的动态特性,可以有针对性地改进系统的工作状态,提高产品的寿命。

(1)提高机械系统的运动精度。机械运动的形式不外乎往复运动与回转运动,在运动的过程中,往复运动的本身就产生了振动,振动会导致运动副之间出现磨损,反过来会对运动精度产生影响,进一步导致运动精度降低。通过研究动态特性,可以降低系统的振动,减少磨损,提高系统的性能。

(2)实现控制系统的最优化。在工作过程中机械系统呈现复杂的动态行为,从而使机械系统的工作过程控制难度加大。研究系统的动态特性,掌握机械系统工作过程中的基本规律,制订最佳的操作方案,有利于提高机械系统的效率与寿命。

(3)研究机械系统的动态特性,可以在优化设计、加快设计周期、提高产品质量的同时,降低产品的成本,提高产品的竞争力。通过建立系统的仿真模型,可以综合应用各种设计手段。如静态设计、动态校验等边设计边改进的模式,从而加快设计周期,提高产品竞争力。

(4)提高安全性、可靠性,提高运动的可靠性和稳定性。现代机械产品对机械的安全、舒适、可靠等方面要求越来越高,对产品运行过程的控制也越来越严格,因而要求能够清楚地掌握机械系统运行过程中的动态特性,从而能够稳定地控制系统运行。这是现代机械产品的必然要求,也是一个机械产品的生命。

1.4.2 机械系统仿真流程

实际的机械系统结构较为复杂,因强度等多种原因导致的冗余结构较多。大多数的机械产品在仿真模型化过程中均需要进行简化,简化的过程对不同的研究人员来说,可能存在一定的差异,或者说仿真模型的简化结果可能最终不同。总的来说,这种差异不应当是本质上的。

选择合适的仿真系统是仿真成功及获得较好仿真结果的前提。不同的仿真系统有自己的特点,如有些软件平台的线性仿真能力较强,有些软件平台的非线性仿真能力较强,对于不同的仿真需要,应当选择相应的仿真系统。

根据上述分析,虚拟样机类软件与数学分析类软件,其仿真过程一般具有以下的过程或原则。

1. 虚拟样机类软件的仿真流程

(1)模型分析。一般来说,虚拟样机类软件都有样机建模功能,只是在仿真功能上有所差别。模型分析是根据机械原理与机械设计等相关知识,结合相关软件的规则,把实际机械的一些特征转化为符合软件要求的特征,如运动副、接合面等。

(2)建模或模型导入。采用仿真软件建模或导入第三方 3D 软件创建的模型。

(3)系统参数设定。虚拟样机各个零部件相互的约束关系、边界条件等定义,仿真系统的外部条件,如力、运动驱动等。

(4)仿真参数定义。如时间步长、仿真周期等定义,有些分析结果需要定义特殊项目,如变量的设置、一些综合分析结果等。

(5)后处理。获得分析所得到的各个结果。

(6)设计优化。根据仿真结果对虚拟样机进行优化设计。这个过程包括变量筛选、参数化变量、设计研究及优化设计等。

2. 数学类分析软件的仿真流程

(1)模型分析。针对数学分析类软件,将分析对象进行机构化分析或流程化分析。

(2)数学建模。根据上一步的分析结果,对分析对象进行数学建模,建立分析对象的常微分方程。

(3)仿真模型流程设计。例如 MATLAB/Simulink,需要事先根据模型的常微分方程设计仿真思路。

(4)仿真参数定义。包括仿真初始条件、变量定义、时间步等定义。

(5)结果分析。例如 MATLAB 软件,可以根据分析结果对其进行复杂的数学处理,从而得到各种需要的结果。

第 2 章　MATLAB/Simulink 简介

2.1　Simulink 介绍

Simulink 是 MATLAB 中的一种可视化仿真工具，是一种基于 MATLAB 的框图设计环境，是实现动态系统建模、仿真和分析的一个软件包。Simulink 提供一个动态系统建模、仿真和综合分析的集成环境，在该环境中，无需大量书写程序，只需要通过简单直观的鼠标操作，就可构造出复杂的系统。Simulink 广泛应用于线性系统、非线性系统、数字控制及数字信号处理的建模和仿真。

Simulink 工具箱的功能是在 MATLAB 环境下把一系列模块连接起来，构成复杂的系统模型。

在 MATLAB 命令窗口给出 Simulink 命令，或者单击 MATLAB 工具栏的 Simulink 图标，可以打开 MATLAB 的 Simulink 模块库。

如图 2-1 所示展示的是 Simulink 的模块窗口，整个 Simulink 工具箱是由若干个模

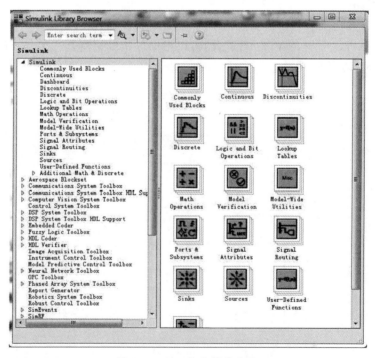

图 2-1　Simulink 模块窗口

块组构成的。在标准的 Simulink 工具箱中,包含连续模块组(Continuous)、离散模块组(Discrete)、函数与表模块组(Function&Tables)、数学运算模块组(Math)、非线性模块组(Nonlinear)、信号与系统模块组(Signals&Systems)、输出模块组(Sinks)、信号源模块组(Sources)和子系统模块组(Subsystems)等。

除此之外,还有一些用连接工具箱与模块集之间的子模块。下面对主要的模块进行介绍,着重介绍与机械系统仿真有关的信号模块。

2.2　Continous 模块组介绍

Continous 模块组包括的主要模块及其图标如图 2-2 所示,共由 13 个标准基本模块组成。本节将介绍常用的模块。

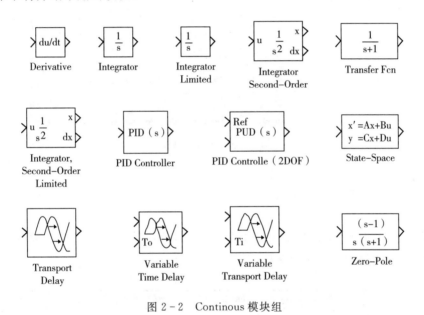

图 2-2　Continous 模块组

2.2.1　积分器(Integrator)

积分器是连续动态系统最常用的模块。该模块将输入信号经过数值积分后,在输出端输出积分结果。在将常微分方程转化为图形表示时,也必须使用此模块。积分器模块随着其采用不同的选项,有不同的变化形式。

积分器对应的是数学积分:

$$\int \dot{x} \mathrm{d}x = x + c \qquad (2-1)$$

积分器左端需要输入,比如是速度,那么积分器右侧输出位移,常量 c 取决于初始条件。双击积分器图标,可以输入初始条件,如图 2-3 右图所示。

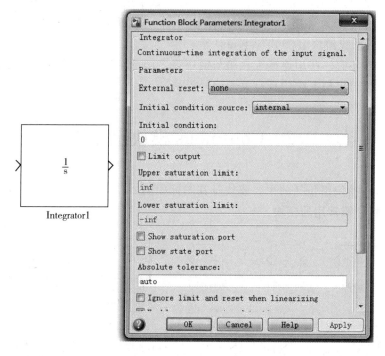

图 2-3 积分器模块

2.2.2 数值微分器(Derivative)

数值微分器的作用是将其输入信号经过一阶微分,在输出端输出微分结果。双击数值微分器图标,可以输入相关的参数,如图 2-4 所示。

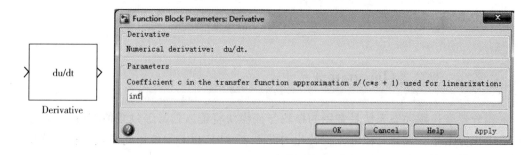

图 2-4 数值微分器模块

2.2.3 线性系统的状态方程(State-Space)

线性系统的状态方程是线性系统的一种时域描述,系统方程的数学表示为:

$$\dot{x} = Ax + Bu$$

$$y = Cx + Du \tag{2-2}$$

其中,A 矩阵是 $n \times n$ 方阵,B 为 $n \times p$ 矩阵,C 为 $q \times n$ 矩阵,D 为 $q \times p$ 矩阵,这又称为这些矩阵维数相容。在这个模块下,输入信号为 u,输出信号为 y。

双击状态方程模块,弹出图 2-5 右边的输入窗口,需要输入状态方程中的四个矩阵 A、B、C、D 作为中间参数,有时还要输入初始条件,因此相对复杂一些。具体用法本书有专门案例讲解,可以参看后面的例题。

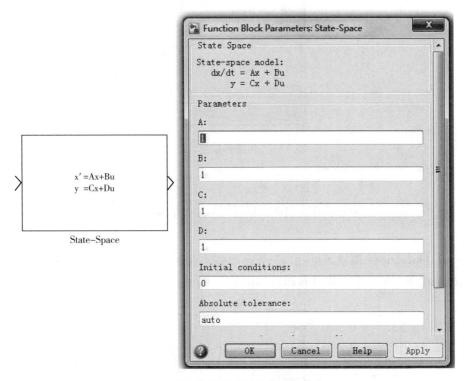

图 2-5　线性系统的状态方程模块

2.2.4　传递函数(Transfer fcn)

传递函数是在频域下描述线性微分方程的一种常用方法。通过引入拉普拉斯变换,把具有线性特性对象的输入与输出间的关系,用一个函数(输出波形的拉普拉斯变换与输入波形的拉普拉斯变换之比)来表示的,称为传递函数。

传递函数适用于零初始条件下的线性定常系统,其一般形式如下:

$$G(s) = \frac{b_0 s^n + b_1 s^{n-1} + \cdots + b_{n-1} s + b_n}{a_0 s^n + a_1 s^{n-1} + \cdots + a_{n-1} s + a_n} \tag{2-3}$$

如图 2-6 所示,双击模块图标,弹出传递函数参数输入窗口,Numerator codfficients 为分子系数输入矩阵,Denominator coefficients 为分母系数矩阵。

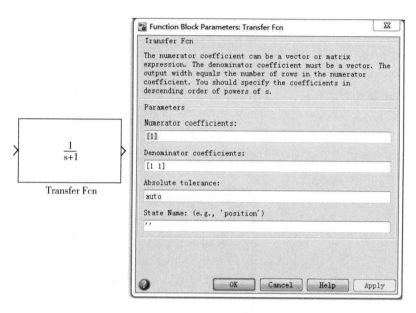

图 2 - 6　传递函数模块窗口

2.3　Math Operations 模块组及其图标

Math Operations 模块组共由 37 个标准基本模块组成,这里仅对常用的模块作介绍,该模块组包括的主要模块及其图标如图 2 - 7 所示。

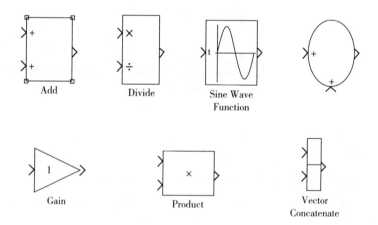

图 2 - 7　Math Operations 常用模块组

2.3.1　增溢模块(Gain)

增溢模块用于放大与缩小参数的系数,例如积分结果前有 10 倍系数,可以在积分项后连接此模块，并将 Gain 值设计为 10，如图 2-8 所示。

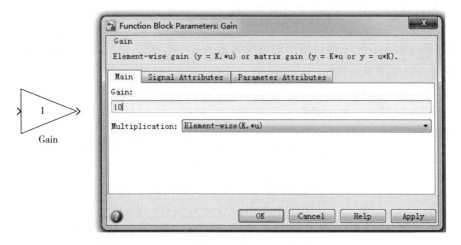

图 2-8　增溢模块

2.3.2　加法器模块(Sum)

加法器模块用于多个参数加减运算。方形与圆形模块本质上是一样的，双击图 2-9 左边模块图标，弹出参数修改框，可以在 Icon shape 栏中下拉选项切换方形与圆形图标。如果加减项超过两项，可以在 List of signs 下添加"＋"或"－"。

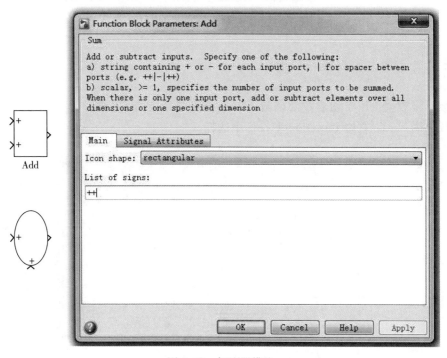

图 2-9　加法器模块

2.3.3　Vector Concatenate 模块

Vector Concatenate 模块用于将相同类型的输入变量转换成连续的输出信号,此模块要求输入数据类型必须相同。如果输入数据均是一列,那么输出也是一列;如果输入是一行,那么输出也是一行。

Number of inputs 指的是输入变量的数目,即图 2-10 左图中左边箭头的数目。

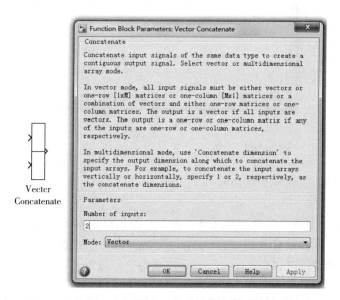

图 2-10　Vector Concatenate 模块

2.3.4　数学函数模块(Math Function)

数学函数模块用于创建数学函数。双击模块图标,弹出创建对话框,不同类型的数学函数在图 2-11 右边 Function 下拉栏中选择。

图 2-11　Math Function 模块

2.4　Discontinuities 模块组及其图标

Discontinuities 模块组包括的主要模块及其图标如图 2-12 所示,共由 12 个标准基本模块组成。

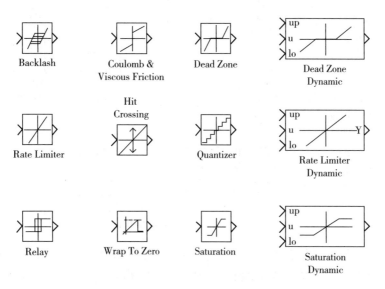

图 2-12　Discontinuities 模块组

(1)Backlash:对间隙系统行为进行建模;
(2)Coulomb & Viscous Friction:对值为零时的不连续性以及非零时的线性增益建模;
(3)Dead Zone:提供零值输出区域;
(4)Dead Zone Dynamic:提供动态的零输出区域;
(5)Rate Limiter:限制信号变化的速率;
(6)Hit Crossing:检测穿越点;
(7)Quantizer:按给定间隔将输入离散化;
(8)Rate Limiter Dynamic:限制信号变化的速率;
(9)Relay:在两个常量输出之间进行切换;
(10)Wrap To Zero:如果输入大于阈值,将输出设置为零;
(11)Saturation:将输入信号限制在饱和上界和下界值之间;
(12)Saturation Dynamic:将输入信号限制在动态饱和上界和下界值之间。

2.5　Signal Routing 模块组及其图标

Signal Routing 模块组包括的主要模块及其图标如图 2-13 所示,共由 19 个标准基本模块组成,本书只介绍常用的几个模块。

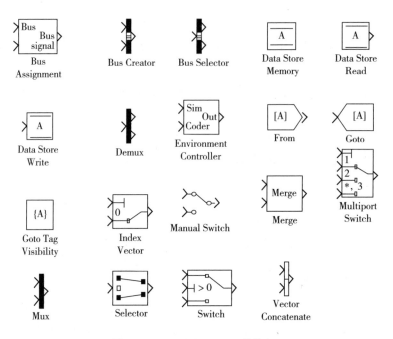

图 2 - 13　Signal Routing 模块组

　　Bus Creator 即信号汇总模块,可以将不同类型信号集结在一起,而 Mux 称为混路器,将几个输入信号联合为一个向量信号,如图 2 - 14 所示。Mux 是把多路信号集成一个向量,不能对其中一个信号单独操作。Bus Creator 是把多路信号打包集成在一条总线内,可以任意取出总线中包含的信号,如图 2 - 15 所示。

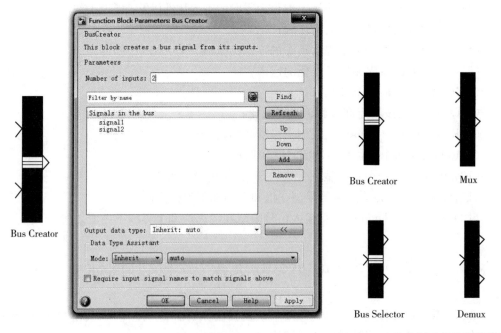

图 2 - 14　Bus Creator 模块　　　　　　　　图 2 - 15　信号创建与分离模块

Bus Selector 与 Demux 也是功能相似的模块,其功能是将多个信号分离输出。双击功能模块图标,可以调整输入或输出项。

2.6　Sinks 模块组及其图标

Sinks 模块组包括的主要模块及其图标如图 2-16 所示,共由 9 个标准基本模块组成。

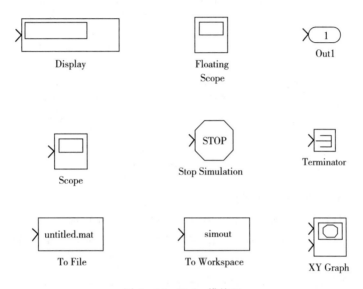

图 2-16　Sinks 模块组

(1)Display:实时数字显示模块,显示其输入信号的值;

(2)Floating Scope:浮动示波器模块;

(3)Out1:输出端口模块;

(4)Scope:示波器模块,显示在仿真过程产生的信号的波形;

(5)Stop Simulation:仿真终止模块,当它的输入信号非零时,就结束仿真;

(6)Terminator:信号终结模块,结束一个未连接的输出端口;

(7)To File:写数据到文件;

(8)To Workspace:把数据写进工作空间里定义的矩阵变量;

(9)XY Graph:用一个 MATLAB 图形窗口来显示信号的 $X-Y$ 坐标的图形。

2.7　Sources 模块组及其图标

Sources 模块组的主要功能是用来生成各种类型的信号源或读取信号,包括的主要模块及其图标如图 2-17 所示,共由 23 个标准模块组成。

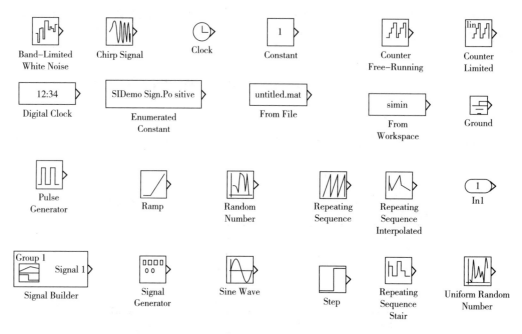

图 2-17　Sources 模块组

此模块的主要功能有以下几类：

（1）系统常用信号的生成。如方波信号、正弦波信号、锯齿波信号等。

（2）读文件模块（from file）和读工作空间模块（from workspace）。这两个模块可以从文件或 MATLAB 的工作空间中读取信号作为输入信号。

（3）接地线模块（ground）。一般用于表示零输入模块，如果一个模块的输入端没有任何其他的模块，在 Simulink 仿真时，经常给出错误信息，接地模块可以避免错误信息。

2.8　Simulink 的模型窗口

当按下"File"文件菜单中的"New"子菜单时，就弹出无标题名称的"untitled"新建模型窗口。Simulink 模型窗口如图 2-18 所示。

窗口的第二行是模型窗口的主菜单，第三行是工具栏，最下方是状态栏。在工具栏与状态栏之间的窗口是建模、修改模型及仿真的操作平台。

2.8.1　模型窗口的菜单

Simulink 模型窗口的主菜单有 File（文件）、Edit（编辑）、View（查看）、Display（展开）、Diagram（类别）、Simulation（仿真）、Analysis（分析）、Code（代码）、Tools（工具）、Help（帮助）10 项菜单选项。每项菜单下面都有很多的操作分项，下面简要介绍主要的操作命令。

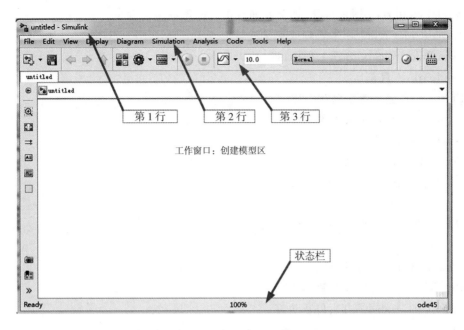

图 2-18　Simulink 模型窗口

1. File(文件)

New(Ctrl+N):创建新的模型或模块库。

Open(Ctrl+O):打开模型。

Close(Ctrl+W):关闭模型。

Save(Ctrl +S):保存当前的模型文件(路径、子目录、文件名都不变)。

Save as…:将模型文件另外保存(改变路径、子目录、文件名)。

Sources control:源项控制。

Model properties:模型属性。

Preferences:仿真属性。

Print… (Ctrl +P):打印模型。

Print setup…:打印机设置。

Exit MATLAB(Ctrl+Q):退出 MATLAB。

2. Edit(编辑)

Can't Undo(Ctrl+Z):撤销前次操作。

Can't Redo(Ctrl+Y):恢复前次操作。

Cut(Ctrl + X):剪切当前选定的内容,并放在剪贴板上。

Copy(Ctrl +C):将当前选定的内容复制到剪贴板。

Paste(Ctrl +V):将剪贴板上的内容粘贴到当前光标所在位置。

Delete:清除选定内容。

Select all(Ctrl +A):选择整个窗口。

3. View (查看)

Library brower:打开 Simulink 库。

Model explorer：用来打开、查看或修改仿真模型或空间变量。

Variant manager：用来管理或定义变量。

Simulink project：管理工程项目。

Toolbars：工具箱。

Status bar：显示或隐藏状态栏。

Explorer bar：显示或隐藏 Explorer。

Navigate：鼠标导航。

Zoom：模型显示比例。

4. Diagram(类别)

Format：字体或标题等。

Rotate & flip：将功能模块图旋转。

5. Simulation(仿真)

Updata diagram：更新程序。

Run(Ctrl ＋T)：启动或暂停仿真。

Stop(Ctrl ＋shift＋T)：停止仿真。

Model configuration parameters (Ctrl ＋E)：设置仿真参数。

Mode：设计仿真的形式。

Debug：程序调试。

6. Analysis(分析)

Model advisor：模型指导，用来指导模型设计。

Model dependencies：模型相关性问题分析。

Simscape：模块组。

Control design：设计控制。

Test harness：测试装置。

Converage settting：转换设计。

2.8.2　模型窗口工具栏

模型窗口中主菜单下面是工具栏,工具栏有 15 个按钮,用来执行最常用的 15 个功能,归纳起来可分为 5 类。

如图 2-19 所示的 Simulink 模型窗口工具栏自左到右有 15 个按钮,下面对主要的命令功能分述如下：

(1)单击图中①号按钮,将创建一个新模型文件,相当于在主菜单"File"中执行"New"命令。

(2)单击②号按钮将保存一个已存在的模型文件,相当于在主菜单"File"中执行"Save"命令。

(3)③为方向操作按钮。

(4)④为仿真参数设置按钮。

（5）⑤为仿真参数快捷设置按钮。

图 2 - 19　Simulink 模型窗口工具栏

2.9　Simulink 模块的基本操作

Simulink 与其他一些功能模块的基本操作是相同的，下面的操作方法对 Simulink 模块的操作均适用。

2.9.1　模块的选定、复制、移动与删除等

1. 创建模块与选定模块

创建一个 Simulink 模块，需要先创建一个仿真文件，然后在模块库中选择需要的模块，鼠标左键按住该模块不放，直接拖动到所创建的文件的窗口中，放开左键，模块创建成功。

模块的选中是许多其他操作如删除、剪切、复制等的前提。选中模块的方法有以下两种。

（1）单选模式：用鼠标左键单击待选模块，当模块的四个角处出现四个小黑块时，表示模块被选中。

（2）多选模式（框选模式）：如果需要同时选择多个模块，可以按住鼠标左键拉出一个矩形虚线框，将所有要选的模块框在其中，然后松开鼠标左键，当矩形框中所有模块的四个角处都出现小黑块时，表示所有模块被同时选中。

关于多个模块的框选有以下两点需要注意：

① 如果在被选中模块的图标上再次单击左键，则表示取消了对该模块的选取。

② 如果想选取不连续的多个模块，但是用拖曳方框的方式又会选取到我们不想要的模块时可以按住"Shift"键，再按住鼠标左键来拖动一个矩形虚线框，一个一个地选取。

2. 模块的复制

从模块组中复制模块的操作方法是：选中需要操作的模块，按住鼠标左键不放，将所选模块拖动到"untitled"模型窗口里的空白位置，松开鼠标左键，则在模型窗口里的相应位置上就有一个与待选模块完全相向的模块图标，这样就完成了从模块组中复制模块的操作。

具体来说，在模型窗口里复制模块的方法有以下两种：

（1）首先选中待复制模块，运行"Edit"菜单中的"Copy"命令，然后将光标移到要粘贴的地方，点击一下鼠标左键，看到选定的模块恢复原状，在选定的位置上再右击，选择

"Edit"菜单中的"Paste"命令即可。新复制的模块和原装模块的名称会自动编号,以示区别。

(2)另一种简单的复制操作是选中要复制的模块,按下"Ctrl"键不放,注意鼠标指针的变化,如果出现一个小小的"加号",就表示可以复制了。把鼠标光标拖动到目的位置后,松开鼠标左键,这样就完成了复制工作。

3. 模块的移动

模块移动操作非常简单:将光标置于待移动模块的图标上,然后按住鼠标左键不放,将模块图标拖动到目的地,放开鼠标左键,模块的移动即可完成。模块移动时,它与其他模块的连线也随之移动。

4. 模块的删除和粘贴

对选中模块的删除和粘贴可以按如下方法操作:

(1)按"Delete"键,把选定模块删除。

(2)选择"Edit"菜单中的"Cut"命令将选定的模块移到剪贴板后,重新粘贴。

5. 改变模块对象的大小

用鼠标选中对象模块,再将鼠标移到模块对象四周的控制小块处,鼠标指针将会变成双箭头的"十"字形状。此时按住鼠标左键不放,拖曳鼠标,当对象图标大小符合要求时,放开鼠标左键,这样就可改变模块对象图形的大小。

6. 改变模块对象的方向

一个标准功能模块就是一个控制环节。在创建控制系统模块框图,需要连接模块时,要特别注意模块的输入、输出端口模块间的信号流向。在 Simulink 仿真中,总是由模块的输入端口接受信号,其端口位于模块左侧,输出端口发送(出)信号,其端口位于模块右侧。但是在绘制反馈通道时则会有相反的要求,即输入端口在模块右侧,输出端口在模块左侧。在连接这些模块时,连接的线不应当有太多的交叉,否则仿真模块会显得很乱,不容易分清。此时需要将一些模块更改方向。

更改模块的方向,按以下操作步骤来实现:用鼠标选中模块对象,利用主菜单项"Format"下拉菜中的"Flip Block"或者"Rotate Block"命令。如果选择"Flip Block"或者直接按<Ctrl+I>键,即可将功能模块旋转180度;如果选择"Rotate Block"或者直接按<Ctrl+R>键,即可将功能模块顺时针旋转90度。

2.9.2 模块的连接

当把组成一个控制系统所需的环节模块都复制到模型窗口后,如果不用信号线将这些模块图标连接起来,它并不能形成一个仿真系统。当用信号线将各个模块图标连接成一个控制系统后,即得到所谓的系统模型。要说明模块的连接首先需要介绍信号线的使用。

1. 信号线的使用

信号线的作用是连接功能模块,用于数据流的传递。在模型窗口里,拖动鼠标箭头。可以在模块的输入与输出之间连接信号线。为了连接两个模块的端口,可按住鼠标的左键,单击输入或输出端口,看到光标变为"十"字形以后.拖曳"十"字图形符号到另外一个端口,鼠标指针将变成双"十"字形状,然后放开鼠标左键,则一根最简单的信号线就连成了,带连线的箭头表示数据流的流向。

对信号线的操作和对模块操作一样,也需先选中信号线(鼠标左键单击该线),被选中的信号线的两端出现两个小黑块,这样就可以对读信号线进行其他操作了,如改变其粗细、对其设置标签,也可以把信号线折弯、分支,甚至删除。

2. 向量信号线与线型设定

对于向量信号线,则在模型窗口里,可选中主菜单"Format"下的"Signal Dimensions"命令,对模型执行完"Simulation"下的"Start"命令后,传输向量的信号线就会变粗。变粗了的线段表示连接线上的信号为向量形式。

3. 信号线的标签设置

在信号线上双击鼠标左键,即可在信号线的下部拉出一个矩形框,在矩形框内的光标处可输入该信号线的说明标签,用于标注传递的数据流名称。标签的信息内容如果很多,还可以用"Enter"键换行输入。如果标签信息有错或者不妥,可以重新选中再进行编辑修改。

4. 信号线折弯

选中信号线,按住"Shift"键,再用鼠标左键在要折弯的地方单击一下,出现一个小圆圈,表示折点,利用折点就可以改变信号线的形状。

选中信号线,将鼠标指到线段端头的小黑块上,直到箭头指针变为"O"形,按住鼠标左键。拖曳线段,即可将线段以直角的方式折弯。

如果不想以直角的方式折弯,也可以在线段的任一位置将线段以任意角度折弯。

5. 信号线分支

选中信号线,按住"Ctrl"键,在要建立分支的地方按住鼠标左键并拉出即可。另外一种方法是:将鼠标指到要引出分支的信号线段上,按住鼠标右键拖曳鼠标,即可拉出分支线。

6. 信号线的平行移动

将鼠标指到要平行移动的信号线段上,按住鼠标左键不放。鼠标指针变为十字箭头形后,水平成垂直方向拖曳鼠标移到目的位置,松开鼠标左键,信号线的平行移动即完成。

7. 信号线与模块分离

将鼠标指针放在想要分离的模块上,按住"Shift"键不放,再用鼠标把模块拖曳到别处,即可把模块与连接线分离。

8. 信号线的删除

选定要删除的信号线,按"Delete"键,即可把选中的信号线删除。

2.9.3　模块标题名称、内部参数的修改

在实际工程中,那些被复制的标准模块的标题名称和内部参数常常需作一定的

修改。

1. 标题名称的修改

模块标题名称是指标识模块图标的字符串,通常模块标题名称设置在模块图标的下方,也可以将模块标题名称设置在模块图标的上方。对用户所建模型窗口中模块标题名称进行修改的方法如下:

(1)用鼠标左键单击功能模块的标题,在原模块标题外拉出一矩形框,按住鼠标左键,选取要修改的标题字符部分,使之增亮呈反相显示。

(2)按"Enter"键,反相显示的、要修改的部分字符立即被删除,重新输入新的标题信息(中西文字符均可)。

(3)用鼠标左键单击窗口中的任一地方,修改工作结束。

如果重新输入新的标题信息内容很多,可以按"Enter"键换行输入。

2. 模块内部参数设置

在模型窗口中,双击待修改参数的模块图标,打开功能模块内部参数设置对话框,然后改变对话框相关栏目中的数据即可。

第3章 ADAMS 简介

ADAMS(Automatic Dynamic Analysis Mechanical Systems)软件是美国 MDI 公司 (Mechanical Dynamics Inc)开发的虚拟样机分析软件,是应用广泛的机械系统仿真分析软件,目前 MDI 公司并入了美国 MSC 公司。利用 ADAMS 软件,设计人员能够建立机械系统虚拟样机,在制造物理样机之前,分析其工作性能,帮助用户更好地理解系统的运动,进行多种设计方案比较和优化等。

ADAMS 软件使用交互式图形环境和零件库、约束库、力库,创建机械系统运动学/动力学模型,进行系统的静力学、运动学和动力学分析,输出位移、速度、加速度和反作用力曲线。ADAMS 软件的仿真可用于预测机械系统的性能、运动范围、碰撞检测、峰值载荷以及计算有限元的输入载荷等。另一方面,ADAMS 提供了集成的环境,用于包含机械系统、液压/气动系统、控制系统在内的复杂耦合模型的动力学性能分析,验证其产品的性能,计算零部件受力情况,考虑部件柔性、间隙、碰撞等对系统性能的影响,研究系统运转周期、定位精度,可以对系统的振动、噪声、耐久性能、操控性能进行分析。同时,ADAMS 利用其提供的试验分析功能,用户可以快速研究多个设计变量,并将仿真计算结果以图表和曲线形式表达出来,也可以通过三维动画观察这些结果。ADAMS 开放性的程序结构和多种接口,成为特殊行业用户进行特殊类型虚拟样机分析的二次开发平台。

3.1 ADAMS 概述

3.1.1 ADAMS 特点

(1)利用交互式图形环境和零件库、约束库、力库建立系统模型或参数化模型。

(2)可以进行包括运动学、静力学和准静力学分析以及线性和非线性动力学分析、刚体和柔性体分析等多种分析,还可以进行优化分析等。

(3)具有先进的数值分析算法与强有力的求解器,使求解快速、准确。

(4)具有强大及易于操作的函数库供用户自定义力和运动等。

(5)具有开放式接口,允许用户开发第三方的子程序。

(6)强大的后期处理界面,可以输出位移、速度、加速度和反作用力等多种结果,仿真结果显示为动画和曲线图形等多种形式。

(7)具有机械机构的运动轨迹计算与规划功能,可以计算运动范围、碰撞、包装、峰值载荷和有限元的输入载荷。

(8)与大多数 CAD、FEA 和控制设计软件包之间具有相互数据接口,可以进行联合仿真与计算。

3.1.2　ADAMS 的分析和计算方法

ADAMS 采用多体动力学理论中的拉格朗日方程方法,选取系统内每个刚体质心在惯性参考系中的三个直角坐标和确定刚体力位的三个欧拉角作为笛卡尔广义坐标,用带乘子的拉格朗日方程处理具有多余坐标的完整约束系统或非完整约束系统,导出动力学方程。ADAMS 的计算程序应用了吉尔(Gear)刚性积分算法以及稀疏矩阵技术,大大提高了计算效率。

ADAMS 计算时,首先读取原始的输入数据,检查正确无误后,判断整个系统的自由度。如果系统的自由度为零,则进行运动学分析。如果系统的自由度不为零,则通过分析初始条件,判定是进行动力学分析还是静力学分析,然后通过积分器求解矩阵方程。如果在仿真时间结束前,不发生雅可比矩阵奇异或矩阵结构奇异(如位置锁死),则仿真成功,可以进入后处理,进行有关参数的测量及绘制曲线。如果在仿真过程中,出现雅可比矩阵奇异或矩阵结构奇异,则数值发散,系统显示仿真失败。需要检查系统模型,或者重新设置时间步长、系统阻尼、数值积分程序中的控制参数等,直到得出正确的仿真结果。

3.1.3　ADAMS 模块

ADAMS 模块包括基本模块(View、Solver、Postprocessor),扩展模块(Hydraulics、Vibration、Linear、insight、Durability),专业模块(Car、Engine、Driveline、EDM、EngineChain 等),接口模块,专业领域模块及工具箱 5 类模块组成,用户不仅可以采用通用模块对一般的机械系统进行仿真,而且可以采用专用模块针对特定工业应用领域的问题进行快速有效的建模与仿真分析。

1. 用户界面模块(ADAMS/View)

ADAMS/View 是 ADAMS 系列产品的核心模块之一,具有强大的建模和仿真环境,主要用于前处理(建模)。它可以建模、仿真并优化机械系统模型,可快速对多个设计变量进行分析直到获得最优化的设计。

ADAMS/View 采用 Parasolid 内核进行实体建模,提供了零件几何图形库、约束库和力/力矩库,支持布尔运算、支持 FORTRAN/77 和 FORTRAN/90 中的函数。除此之外,还提供了丰富的函数库,如位移函数、速度函数、加速度函数、接触函数、样条函数、力/力矩函数、数据单元函数、用户子程序函数等。ADAMS/View 有自己的高级编程语言,支持命令行输入命令和 C＋＋语言,有丰富的宏命令以及快捷方便的图标、菜单、对话框创建和修改工具包,且具有在线帮助功能。

2. 求解器模块（ADAMS/Solver）

ADAMS/Solver 是 ADAMS 系列产品的核心模块之一。该软件自动形成机械系统模型的动力学方程,提供静力学、运动学和动力学的计算结果。ADAMS/Solver 有各种建模和求解选项,以便精确有效地解决各种工程应用问题。

ADAMS/Solver 可以对刚体和弹性体进行仿真研究。为了进行分析和系统控制研究,用户除要求软件输出位移、速度、加速度和力外,还要求模块能够输出用户自己定义的数据。用户可以通过运动副、运动激励、高副接触、用户定义的子程序等添加不同的约束。用户同时可求解运动副之间的作用力和反作用力,或施加单点外力。

3. 后处理模块（ADAMS/Postprocessor）

ADAMS/Postprocessor 用来处理仿真结果数据、显示仿真动画等。利用 ADAMS/Postproessor,用户可以更清晰地观察其他 ADAMS 模块（如 ADAMS/View,ADAMS/Car 或 ADAMS/Engine 的仿真结果,也可将所得到的结果转化为动画、表格或者 HTML 等的形式,能够更确切地反映模型的特性,便于用户对仿真计算的结果进行观察和分析。既可以在 ADAMS/View 环境中运行,也可脱离该环境独立运行。

ADAMS/Postprocessor 功能主要包括:提供用户观察模型运动所需的环境,播放动画,选择观察视角。试验验证:为了验证 ADAMS 仿真分析结果数据的有效性,导入测试数据,并与仿真结果数据进行比较,对数据结果进行数学运算、统计分析。设计方案改进:对多个仿真结果进行比较,从而选择合理的设计方案。仿真分析结果显示:编辑数据图表格式,添加标题和注释,动态显示仿真曲线数据。

4. 动画模块（ADAMS/Animation）

ADAMS/Animation 是 ADAMS 的一个集成可选模块,该模块与 ADAMS View 模块实现了无缝集成。用户能借助于增强透视、半透明、彩色编辑及背景透视等方法精细加工所形成的动画,增强动力学仿真分析结果的真实感。用户可以选择不同的光源,并交互地移动、对准和改变光源强度,还可以将多台摄像机置于不同的位置、角度同时观察仿真过程,从而得到更完善的运动图像。该模块还提供干涉检测工具,可以动态显示仿真过程中运动部件之间的接触干涉,帮助用户观察整个机械系统的干涉情况,同时还可以动态测试所选的两个运动部件在仿真过程中距离的变化。

5. 振动分析模块（ADAMS/Vibration）

ADAMS/Vibration 是进行频域振动分析的工具。运用 ADAMS/Vibration 可以实现各种子系统的装配,进行线性振动分析,在模型不同的测试点进行受迫响应的频域分析。主要有以下功能:①频域分析中可以包含液压、控制及用户系统等结果信息,能够快速准确地将 ADAMS 线性化模型转入 Vibration 模块中。②能够为振动分析开辟输入、输出通道,能定义频域输入函数,产生用户定义的力频谱。③能求解所关注的频带范围的系统模型,评价频响函数的幅值大小及相位特征。④能够动画演示动态响应及各模态响应。⑤将系统模型中有关受迫振动响应的信息列表。⑥将 ADAMS 模型中的状态矩阵输出到 MATLAB 及 MATRIX 中。⑦运用优化设计及振动分析结果和参数化的振动输入数指优化系统综合性能。

ADAMS/Vibration 输出的数据还可被用来研究预测汽车、火车、飞机等机动车辆的噪音对驾驶员及乘客的振动冲击,体现了以人为本的现代设计趋势。

6. 柔性分析模块(ADAMS/Flex)

ADAMS/Flex 提供与 ANSYS、NASTRAN、ABAQUS、I - DEAS 等分析软件的双向数据接口。利用 ADAMS/Flex 模块,可以导入有限元软件生成的模态中性文件(MNF 格式),建立刚柔耦合多体动力学模型,提高系统仿真的精度。结合 ADAMS/Linear 模块,对零部件的模态进行适当的筛选,控制模态的阻尼,去除对仿真结果影响小的模态,提高仿真的速度。同时,可以输出系统仿真后的载荷谱和位移谱信息,利用有限元软件进行应力、应变以及疲劳寿命的评估分析和研究。

7. 控制模块(ADAMS/Controls)

在 ADAMS/Controls 中,可以通过简单的继电器、逻辑与非门、阻尼线圈等建立简单的控制机构,也可利用通用控制系统软件 MATLAB 等建立的控制系统框图,建立包括控制系统、液压系统、气动系统和运动机械系统的联合仿真控制模型。联合仿真分析过程可以用于许多领域,例如汽车自动防抱死系统(ABS)、主动悬架、飞机起落架助动器、卫星姿态控制等。

8. 图形接口模块(ADAMS/Exchange)

ADAMS/Exchange 利用 IGES、STEP、STL、DWG/DXF 等产品数据交换库的标准文件格式,导入零件的几何模型,完成 ADAMS 与其他 CAD/CAM/CAE 软件之间数据的双向传输,实现 ADAMS 与 CAD/CAM/CAE 软件的集成。ADAMS/Exchange 自动将图形文件转换成一组包含外形、标志和曲线的图形要素,通过控制传输时的精度,获得较为精确的几何形状和质量、质心和转动惯量等信息,增强 ADAMS 建立仿真模型的能力。

9. 轿车模块(ADAMS/Car)

ADAMS/Car 是 MDI 公司与 Audi、BMW、Renault 和 Volvo 等公司合作开发的整车设计软件,包括车身、悬架、传动系统、发动机、转向机构、制动系统等,集成了这些公司在汽车设计上的开发经验,帮助设计师快速建造高精度的整车虚拟样机,直观地再现各种试验工况下整车的动力学响应,并输出标准的操纵稳定性、制动性、乘坐舒适性和安全性的特征参数,从而减少对物理样机的依赖。

ADAMS/Car 中包括整车动力学模块(Vehicle Dynamics)和悬架设计模块(Suspension Design),其仿真工况包括:方向盘角阶跃、斜坡和脉冲输入、蛇行穿越试验、漂移试验、加速试验、制动试验和稳态转向试验等,同时还可以设定试验过程中的节气门开度、变速器挡位等。

10. 发动机设计模块(ADAMS/Engine)

ADAMS/Engine 通过与 ADAMS/Car 的有机结合,建立一个集整车动力学、悬架设计和发动机系统优化的整车集成仿真环境。通过 ADAMS/Engine 提供的专业化仿真环境,汽车工程师能够在产品设计的早期预测、修改和优化传动系统的高频性能。用户能够根据发动机的成本、重量、装配及约束条件,计算传动系统的零部件载荷,预测其使用寿命、可靠性，解决发动机系统振动等动力学问题。

3.1.4　ADAMS 分析流程

ADAMS 提供了功能强大的建模和仿真环境，可以建模、仿真并优化系统模型，快速分析多个设计变量并得到最优化设计。ADAMS 分析流程包括以下几个方面：

（1）创建仿真模型

在创建机械系统模型时，首先要创建具有质量、转动惯量等物理特性的零件（Part），利用 ADAMS/View 约束库创建两个零件之间的约束副（Contrain），确定零件之间的连接以及两构件之间的相对运动。最后，通过添加力（Force）和力矩（Torque），设置测量和仿真输出，进行仿真分析，获得仿真结果曲线。

（2）测试和验证模型

创建完模型后，或者在创建模型的过程中，可以对模型进行运动仿真，通过测试整个模型或模型的一部分，以验证模型的正确性。

分析者可以将机械系统的物理试验数据导入 ADAMS 中，与 ADAMS 的仿真曲线比较可以验证创建的模型的准确程度。

（3）模型细化

添加摩擦、定义柔性体、施加作用力函数、定义控制。

（4）参数化和优化分析

为了便于比较不同的设计方案，可以定义设计点和设计变量，将模型进行参数化，通过修改设计参数自动地修改仿真模型。通过改变模型的一个或多个设计变量，进行设计研究、试验设计、优化分析，确定系统设计的最优方案。

（5）定制界面

将经常需要改动的设计参数定制成菜单和便捷的对话窗，使用宏命令执行复杂和重复的模型操作，提高工作速度实现用户化设计。

3.2　ADAMS 建模

与很多的 CAD 软件类似，ADAMS/View 提供了丰富的基本几何建模工具库。不同的 ADAMS 版本界面有所不同。新版本软件可以转换到老版本的软件界面。老版本的软件可以通过主工具箱上的建模库选择工具按钮，也可以通过菜单选择几何建模工具命令来进行几何建模。

而新版本的软件界面中，建模命令集中在"Bodies"按钮下。在此按钮上点击，也可以通过命令来建立几何模型。选择菜单"Build"→"Bodies"→"Geometry"命令，显示如图 3 -1 所示主工具箱对话框。从中选择绘制几何形体工具，再选择输入建模参数并绘制模型。

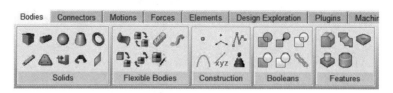

图 3-1　ADAMS/View 主工具箱对话框

3.2.1　基本几何要素创建

ADAMS/View 中的基本几何要素为点、直线、曲线和标记坐标(Marker)等。这些基本几何要素没有质量，主要用于定义其他的几何体。Point 和 Marker 是最常用的几何建模辅助工具。

通过设置的若干三维空间点，可以确定不同构件部分的连接点和位置。对点的坐标进行参数化处理可以实现参数化仿真分析。

标记坐标具有位置和方向，可用于定义力的作用位置，定义 Part 的几何形状和方向、形心的位置，定义 Part 的约束位置和方向，定义运动的方向，等等。

例如：连杆有 3 个标记坐标，如图 3-2 所示，两个标记坐标定义连杆的两个端点，一个标记坐标定义连杆的质心。

绘制点的过程：

(1)几何建模库中，将光标移至创建点按钮，如图 3-1 中的"Bodies"→"Construction"栏中的点图标，然后单击，出现如图 3-3 所示的点参数设置栏。

(2)在参数设置栏，设置图参数。

首先将选择点放置到"Ground"上(Add to Ground)，或者放置到另一个构件上(Add to Part)。然后选择是否要将附近的对象同点关联，"Don't Attach"选项表示不关联，"Attach Near"选项表示关联。

(3)如果将点放置到另一个构件上，状态栏显示"Point：Select the point location"。根据状态栏提示，选择绘制点的位置。

如果对象周围有许多其他对象而难以选择，可以将鼠标置于该对象上，按右键将显示如图 3-4 所示的对象列表，在列表中选需要放置点的对象。

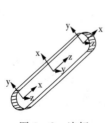

图 3-2　连杆

图 3-3　点参数设置

图 3-4　对象列表

其他基本几何形体工具的用途及参数设置见表 3-1。

表 3-1　其他基本几何形体工具

用　途	快捷图标	参数设置	说　明
定义点 Point		① 点加到地面上或另一个构件上; ② 是否要将附近的对象同点关联	用坐标来定义 几何位置
定义标记坐标 Marker		① 标记加到地面上或另一个构件上; ② 标记坐标的方向	定义位置,有方向的 向量点
绘制直线和多义线 Polyline		① 产生新构件还是添加到构件或地面上; ② 线型:直线、开口多义线、封闭多义线; ③ 线段的长度	定义多边形结构
绘制圆弧和圆 Arc		① 产生新构件还是添加到构件或地面上; ② 圆或圆弧的半径; ③ 选择圆或圆弧夹角	用于定义有光滑外 形状几何体

3.2.2　简单几何体创建

ADAMS/View 提供了见表 3-2 所列的若干常用基本形体图库,利用这些参数化图库可以方便地绘制一些基本形体,简单形体几何建模的步骤如下:

(1)在图 3-1 的"Bodies"栏中选择三维实体建模工具图标,选择需要创建的实体图标,然后在工作窗口左侧的参数设置栏设置新构件(New Part)的各项参数。需要注意的是,新创建的几何体是添加到已有的几何体还是独立构件,如果是添加到已有的构件,需要选择现有构件(Add to Part);如果是添加到独立构件,则选择"On Ground",或选择"Don't attach"。

(2)几何体参数设置栏,输入有关尺寸参数。按照屏幕下方状态栏的提示,用鼠标确定起始绘图点。通常,起始绘图点定义了几何形体的位置,ADAMS/View 自动在起始点设置一个 Marker,而有关尺寸参数均参照起始点标记坐标定位。

(3)在上一步确定起点后,在绘图区域移动鼠标(不能按住不放),移动鼠标过程中,可以看见几何形体将随鼠标移动按一定比例变化,移动到希望绘制的形体尺寸位置后,点击鼠标选择位置,生成新的几何体。如果上面的第 2 步在参数设置栏设置了几何体的尺寸数值,则已设置数值的尺寸将不随鼠标移动而变化,只需要在希望创建几何形状的方向上移动鼠标键,点击鼠标,就完成了几何体建模。

表 3-2 ADAMS/View 基本形体图库

名称和快捷键	图 形	尺寸参数/默认值	说 明
长方体 Box		长(Length); 高(Height); 深(Depth)	绘图起始和结束点为长方体的两个对角端点。有 1 个热点,定义长、高和深
圆柱体 Cylinder		长(Length); 半径(Radius)	(1)绘图起始点为中心点; (2)有 2 个热点可分别用于修改长度和半径
球体 Sphere		半径(Radius)/X、Y、Z 三个方向的半径相等; 若 X、Y、Z 三个方向半径不相等,生成椭球	(1)绘图起始点为中心点; (2)有 3 个热点,可分别用于修改 X、Y、Z 方向的半径
圆台 Frustum		长(Length); 底半径(Bottom Radius)/0.125×长; 顶半径(Top Radius)/0.5×底半径	(1)绘图起始点为底圆中心标记; (2)有 3 个热点,分别控制长、底半径、顶半径
圆环 Torus		圆环半径(Inner Radius); 圆管半径(Outer Radius)/0.25 圆环半径	(1)绘图起始点为中心标记; (2)有 2 个热点,分别控制圆环的中心线和圆管半径
连杆 Link		长(Length); 宽(Width)/0.1×长; 深(Depth)/0.05×长	有 2 个热点,一个控制连杆长度,另一个控制连杆的宽度和深度
圆角多边形板 Plate		半径(Radius)/1.0; 厚度(Thickness)/1.0	(1)通过确定圆角位置定义多边形板,至少定义 3 个圆角; (2)有 1 个热点控制板厚

（续表）

名称和快捷键	图　形	尺寸参数/默认值	说　明
拉伸体 Extrusion		拉伸端面（Profile）； 长（Length）或拉伸路径； 拉伸实体或薄壳（Closed/Open）； 拉伸方向：向前、对中、向后	（1）拉伸端面的顶点均为热点，修改这些热点的位置，可以改变端面形状； （2）另有一个热点定义长度
回转形体 Revolution	回转轴 回转面	回转面（Profile）； 回转轴； 回转实体或薄壳（Closed/Open）	（1）回转面的顶点均为热点，可以通过修改这些热点，改变回转面以及回转形体形状； （2）回转面不能同回转轴相交

下面将以两个例子来说明建模过程。

1. 长方体建模

（1）在图 3 - 1 的"Solids"栏中，选择长方体图标（将鼠标放置在图标上数秒，ADAMS 会出现提示），在主工具箱的下方显示长方体建模参数的输入对话框，在参数设置栏，设置是产生新构件，还是将长方体添加到现有构件之上或者是添加到地面上。

（2）若在连杆的长、宽、深参数设置栏没有选择输入数据，此时，状态栏将提示选择一顶点，并移动鼠标至第二位置，点击鼠标，完成绘制长方体。

（3）若在连杆的长、高、深参数设置栏输入数据，并确定，状态栏只提示选择一个顶点，鼠标只需在绘图区选择一点，点击鼠标选择一个建模的方向，移到第一点外，点击左键，便可绘制好所定义的长方体。

2. 连杆

（1）在几何建模库中选取连杆建模工具按钮（图标为连杆形，将鼠标放置在图标上数秒，ADAMS 会出现提示）。

（2）在主工具箱的下方显示连杆建模参数的输入对话框参数设置栏，设置是产生新构件，还是将连杆添加到现有构件，或者是要添加到地面。

（3）设置连杆的长、宽、深。参数设置栏没有选择输入数据，则表示按默认的比例（例如：宽＝0.1×长，深＝0.05×长）绘制连杆。此时，状态栏将提示选择绘制连杆的第一点，鼠标在工作窗口选择一个合适位置点击，表示选择完成。

（4）如果选择了输入长、宽、深，可以输入相应的长、宽、深参数值，可以只输入一个，也可以全部输入。

（5）选择第二个位置点。如果输入了长、宽、高，则只需要在需要的方向点击一下鼠标，就完成了创建连杆；如果没有输入参数，移动鼠标，在合适位置点击，完成创建连杆。

3.2.3 复杂几何体

1. 利用布尔运算组合

将若干个基本形体进行布尔运算可以构成形状复杂的几何形体。表 3-3 列出了
ADAMS/View 提供的几种布尔运算功能。

表 3-3 布尔运算功能

快捷图标	功　能	说　明
Union	合并两个相交的实体	实体 2 并入实体 1,然后实体 2 被删除
Merge	合并两个不相交的实体	实体 2 并入实体 1,然后实体 2 被删除
Intersect	两个实体的相交形体	实体 1 变成两实体相交部分的形状,实体 2 被删除
Cut	用一个实体切割另一个实体	用实体 1 切割实体 2,实体 2 中同实体 1 相交的部分被删除
Split	还原被组合实体	将经过合并、相交和切割等处理形成的组合形体还原为原先的基本形体
chain	连接多个几何线	—

注:实体 1 为选择的第一个实体,实体 2 为选择的第二个实体。

2. 添加细节特征

常见细节特征包括倒角、圆角、开孔、凸圆、抽壳等,见表 3-4。

表 3-4 细节特征

快捷图标	功　能	参数设置	说　明
Chamfer	倒角	斜面的宽度(Width)	—
Fillet	圆角	圆角半径(Radius); 末端半径值(End Radius)	要求圆角半径变化时,需选择 End Radius 项,输入末端半径值,此时圆角半径为起始半径
Hole	开孔	Hole 半径(Radius); 深度(Depth)	半径和深度的设置,不能使几何体分成两块

（续表）

快捷图标	功　能	参数设置	说　明
Boss	凸圆	半径（Radius）； 高度（Height）	—
Hollow	抽壳	壳体厚度	—

添加细节特征的一般步骤如下：

（1）选取有关细节特征工具的按钮。

（2）在参数设置栏中设置有关参数。

（3）根据选取的特征，做以下相应操作。

① 倒角和圆角：选择需处理的边或顶角，然后按鼠标右键；

② 开孔和凸圆：选择需处理的几何体，然后选择开孔或凸圆的圆心位置；

③ 抽壳：选择需处理的几何体，然后选择开孔或产生凸圆的面，再按鼠标右键。

3. 修改几何体

有 3 种方法修改几何体：拖动热点、利用对话框和编辑位置表。

（1）拖动热点：点击所绘几何图形，会出现若干热点。用鼠标拖动这些热点，就可以修改几何体的形状。

（2）利用 Modify 命令：如果需要精确修改几何体尺寸，可以利用 Modify 命令弹出式对话框输入尺寸。具体方法如下：

在需修改的几何体对象上右击选择需要修改的几何对象，在下一层的弹出菜单中，选择 Modify 命令，显示对象的修改对话框。如图 3－5 右图所示为圆柱体修改对话框。

根据修改对话框的提示，修改和输入有关参数。例如，对于圆柱体可以输入或修改长方体名称、注释、长、半径等，然后单击"OK"按钮。

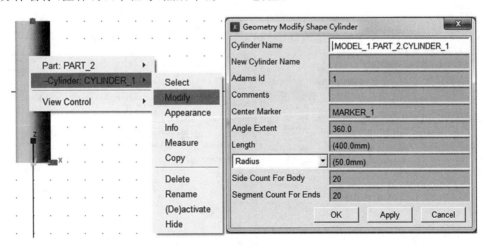

图 3－5　圆柱体修改对话框

（3）编辑位置表：通过编辑位置表可以非常方便地修改点、直线、多义线、拉伸体、回转体的形状。

左键选中需要修改的对象，在弹出式修改对话框中，选择…按钮，显示热点的位置表。在位置表中列出了所有热点的坐标以及编辑位置表的若干工具，如图3-6所示。

图3-6　编辑位置工具对话框

3.2.4　修改构件属性

除了几何形状，有时还需要修改构件的属性，如密度、转动惯量和惯性积、初始速度、初始位置和方向等。ADAMS/View建立几何模型时，会根据默认值自动确定构件的有关特性，如果需要修改构件特性，可以通过构件特性修改对话框进行。

有两种方法进入构件特性修改对话框：

（1）在需要修改的构件上单击鼠标右键，再选择"Modify"，如图3-7所示。

在"Category"中选择质量特性，"Define Mass By"中可以选择修改构件的材料、质量、转动转动惯量、惯性积等，质量属性会相应自动计算，也可以直接输入构件的质量特性或密度。

在"Category"中还可以选择构件的初时速度条件、初时位置条件等，作相应修改。

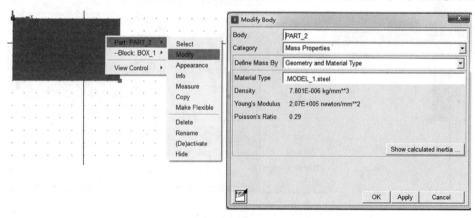

图3-7　构件特性修改对话框

（2）在"Edit"菜单中选"Modify"命令。如果在选择"Modify"命令前时已经选择构件，将显示该构件特性修改对话框。否则，将显示数据库浏览器，可以在数据库浏览器中选取修改对象。

选择"Show calculated inertia"按钮，可以显示构件质量和惯性矩的计算结果。

3.3　添加运动副

运动副使各个独立的部件联系起来形成一个机械系统。在 ADAMS/View 中，运动副分为以下四类：

（1）常用运动副：如转动副、棱柱副、圆柱副等。

（2）基本副：如直线副、点在平面。

（3）接触：定义两构件在运动中发生接触时的相互约束。

（4）运动约束：如规定构件按某个给定的规律运动。

3.3.1　运动副类型

在 ADAMS 早期的版本中，有两种启动约束工具的方法，一种是在主工具箱中，右击选择约束工具按钮（铰链图标），或在"Build"菜单中选择"Joints"项，可显示约束对话框。主工具箱的连接和运动库中包含大部分常用的约束，通过"Build"菜单或主工具箱的约束工具库中展开按钮图标（带红色展开箭头图标），展开全部约束。

在 ADAMS 新的版本中，如 ADAMS2015 版，运动副直接采用图标的形式展开在"Connectors"菜单下。本质与老版本软件基本相同，只是在形式上有些差异。在新版本软件中，用户可以点击"Setting"→"Interface Face"→"Classic"转换到老版本界面，也可以用同样的方法转换到新版本的界面。

1. 常用运动副工具

常用的运动副工具见表 3-5。

表 3-5　常用运动副工具

图　标	名　称	功　能
	旋转副	构件 1 相对于构件 2 旋转约束 2 个旋转和 3 个平移自由度
	平移副	构件 1 相对于构件 2 平移约束 3 个旋转和 2 个平移自由度
	圆柱副	构件 1 相对于构件 2 既可平移又可旋转约束 2 个旋转和 2 个平移自由度
	球面副	构件 1 相对于构件 2 可在球面内旋转约束 3 个平移自由度

（续表）

图　标	名　称	功　　能
	平面副	构件 1 相对于构件 2 可在平面内运动约束 2 个旋转和 1 个平移自由度
	恒速副	构件 1 相对于构件 2 恒速转动约束 1 个旋转和 3 个平移自由度
	万向副	构件 1 相对于构件 2 相对转动约束 1 个旋转和 3 个平移自由度
	螺旋副	构件 1 相对于构件 2 每旋转一周的同时将上升或下降一个螺矩，提供一个相对运动自由度
	齿轮副	构件 1 相对于构件 2 定速比啮合转动提供定比传动关系
	关联副	提供构件 1 和构件 2 的相对旋转或平移运动两构件的旋转轴或平移轴可不共面
	固定副	构件 1 相对于构件 2 固定约束 3 个旋转和 3 个平移自由度

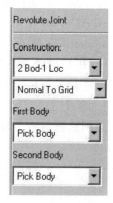

图 3-8　旋转副
（铰）的设置对话框

在施加运动副时，首先在工具箱中选择约束类型，这时在工具箱下部将出现相应的设置对话框，依次选择被连接的构件 1 和构件 2、连接位置以及方向即可。如图 3-8 所示为旋转副（铰）的设置对话框。

在"Construction"中选择栏中，"1-Location"表示选择一个点来定义约束的位置，"2Bod-1Loc"表示选择两个部件一个点定义约束，"2Bod-2Loc"表示选择两个部件两个点定义约束。

若方向选择为"Normal To Grid"，表示约束的 Z 轴垂直于系统工作平面，即电脑屏幕；选择"Pick feature"，表示 Z 轴的方向需要操作者选择两点来确定。

ADAMS/View 设定在两个被连接的构件中，注意是构件 1 连接到构件 2 上。如：用旋转运动副将一扇门连接到门框上，在选择被连接的构件时，应先选门，然后选门框。产生运动副时，ADAMS/View 自动为运动副取名为"JOINT_序号"，如：JOINT_2。当然，可以通过"Rename"修改约束名称。

2. 基本约束

见表 3-6 所列，ADAMS/View 还提供了 5 种常见的基本约束，灵活使用这些基本约束可以组成不同的约束，或构成复杂的运动约束。

表 3-6　基本约束

基本约束	名　称	功　　能
	平行轴	约束构件 1 的 Z 轴始终平行于构件 2 的 Z 轴。构件 1 只能绕构件 2 的一个轴旋转,约束 2 个旋转自由度
	垂直轴	约束构件 1 的 Z 轴始终垂直于构件 2 的 Z 轴。构件 1 只能绕构件 2 的两个轴旋转,约束 1 个旋转自由度
	旋转约束	约束两个构件之间的相对转动,约束 3 个旋转自由度
	点在面	约束两个构件之间的相对转动,约束 3 个旋转自由度
	点在线	约束构件 1 的连接点,只能沿着构件 2 连接点标记的 Z 轴运动,约束 2 个移动自由度

3. 机械联接

在 ADAMS/View 新的版本中,比如 2015 版,将早期版本中的高副进行了分类,添加了一些机械配合约束。如凸轮机构中凸轮和从动件之间的约束、齿轮配合、带传动配合、链传动配合、轴承等。

4. 运动约束

ADAMS 新的版本将运动约束统一放在"Connectors"图标上的"Motions"栏中。共有两大类、四种运动驱动形式,一类是为约束副加运动驱动,一类是点驱动。

(1)约束驱动。约束驱动可以实现两种形式的运动:平动与转动,即为平移副、圆柱副添加建立移动以及为旋转副、圆柱副添加旋转运动。

(2)点驱动。点驱动可以实现一个点按一维方向的运动及三维方向的运动。使用一维点驱动可以实现两个构件沿一个轴移动,利用三维点驱动可以实现两个构件沿一个轴或三个轴的移动或转动。

5. 约束修改

创建约束后可完成下面的约束修改:

(1)右键单击待修改的约束,在弹出的快捷菜单中选择需要修改的约束名和"Modify"命令,弹出旋转副的修改对话框,如图 3-9 所示。

(2)可以修改约束名称、被约束的两个部件、约束类型。

(3)"Force Display"下拉菜单中有"None""On First Body""On Second Body"3 个选项,表示是否显示连接力及显示在哪个约束部件上。

(4)"Impose Motion"按钮表示施加一个驱动在这个铰上。

(5)"Initial Conditions"表示定义约束的初始条件。

(6)"Initial Conditions"按钮下方的四个图标,坐标系图表示可以修改约束的位置,尺规图标表示能够给铰定义一个测量项,最后一个带文字"μN"的按钮可以对类型为铰约束的约束施加静摩擦力或动摩擦力。

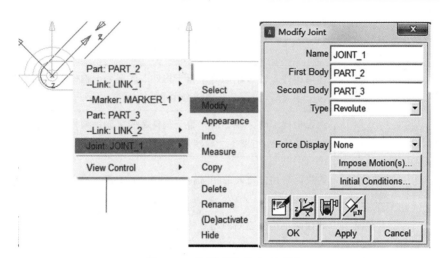

图 3-9 旋转副的修改对话框

3.3.2 定义运动副

(1)正确选择运动副。建模时,根据机构模型逐步对构件施加运动副。

(2)运动副中的运动方向。构件的选择顺序与运动副运动时的正方向有关,在两个被连接的构件中,先选取的构件 1 被连接到后选取的构件 2 上。运动副轴线的方向应当与机构实际运动轴线方向一致,不一致的约束方向会导致机构不能正确运动。

(3)约束的数量与自由度相一致。尽量使用一个运动副来完成所需的约束,如需要用多个运动副来约束两个构件,自由度约束可能会重复,会导致无法预料的结果。

(4)运动副中的驱动有力与运动两类。在没有作用力的状态下,可以用运动学分析来检验样机。在进行样机的动力学分析之前,最好先进行运动学分析,以确定添加的约束是否正确。

(5)设置副的初始条件。已设置运动和初始条件的运动副,ADAMS 在求解时,将使用设置的运动条件,而忽略所设置的初始条件。

(6)若模型系统的自由度为零,并且有速度或加速度表达式定义的系统,则不能进行运动学分析,只能进行动力学分析。

3.4 ADAMS 载荷

ADAMS/View 有四种类型不同的力,这四类力分别为:

(1)作用力:定义在部件的外载荷,必须使用常值、函数表达式、用户编写的参数化子程序来定义作用力。

(2)柔性连接力:可以抵消驱动的作用。定义柔性连接力需指定常量系数。弹簧阻尼器、梁、衬套、场力等可产生这类力。

(3)特殊力:常见的有重力和轮胎力等。

(4)接触力:模型运动时,部件接触相互作用力。

在定义力时,要说明力的类型(即力或力矩)、力作用的构件、力的作用点、力的大小和方向。另外,添加力不影响模型自由度。

有 3 种方式定义力的大小:

(1)输入数值

对作用力,可以直接输入力或者力矩的大小;对柔性连接力,如轴套、弹簧力,可直接输入刚度系数 K、阻尼系数 C、扭转刚度系数 KT、扭转阻尼系数 CT 等。

(2)使用函数表达式

① 利用位移、速度和加速度函数,用以建立力和各种运动之间的函数关系。

② 利用力函数可用以建立不同的力之间的关系,如正压力和摩擦力的关系。

③ 利用数学运算函数,如正弦、余弦、指数、多项式等函数建立。

④ 利用样条函数,由数据表插值获得力值。

(3)输入子程序的传递参数

用 FORTRAN、C 语言或 C＋＋语言编写子程序,定义力和力矩。输入子程序的传递参数,通过传递参数与自编子程序进行数据交流。

有 2 种方式定义力的方向:

(1)沿两点连线方向定义。

(2)沿坐标轴定义力的方向。

在主工具箱中右键单击"Forces"按钮,弹出如图 3－10 所示的力库。

图 3－10 力库

在 ADAMS/View 中可以创建单方向的作用力,也可以创建 3 方向分量,或者是 6 方向分量(3 个力的分量、3 个力矩的分量)的作用力。力可以定义在一对构件上,构成作用力和反作用力,也可以定义作用在构件和地面之间,这时反作用力作用在地面上。

3.4.1 添加单向作用力和力矩

根据参照的坐标系不同,有 3 种方式定义单向作用力和力矩:

(1)参照地面坐标(Space fixed),力的方向不随构件的运动而变化,即力的方向在全局坐标系中是不变的。反作用力作用在地面。

(2)参照构件参考坐标(Body fixed),力的方向随作用构件的运动而变化,相对于指定的构件参考坐标始终不变化。参照坐标系可设置在力作用的构件上(Moving with Body),也可设置在其他的构件上(Moving with Another Body)。

(3)参照两构件运动(Two bodies),沿两个构件的力作用点连线方向,分别作用两个大小相同、方向相反的力。

添加单向作用力和力矩的方法如下:

(1)选择单向作用力工具或者单向力矩工具。如图 3 - 10 中"Applied Forces"项目中第一列的第二个按钮所示。

(2)设置参数。

Run-Time Direction:设置力的作用方式是"Space fixed""Body fixed"或"Two bodies"。选择采用"Space fixed"或"Body fixed"定义力的方向,要在 Construction 栏,选择定义力方向的方法:工作栅格平面(Normal to Grid)或用方向矢量定义力的方向(Pick Feature)。

Characteristic:定义力的大小。通过输入力值(Constant)、输入系数 K 和 C(K and C),或自定义(Custom)确定力的大小。"Custom"选项采用自定义函数或自定义子程序定义力。

(3)根据状态栏提示选择力或力矩作用的构件,然后选择作用点。如果选择了力作用方式为"Two bodies",先选择产生作用力的构件,然后选择产生反作用力的构件。

(4)如果采用方向矢量方式定义力的方向,环绕力作用点移动鼠标,将看到一个方向矢量随鼠标的移动而改变方向,在力的作用方向点击鼠标左键,完成施加力。

3.4.2 添加力或力矩

添加力或力矩的方法(步骤)如下:

(1)根据需要,选择 3 分量力按钮或 3 分量力矩按钮,或者 6 分量力按钮,如图 3 - 10 中"Applied Forces"项目中第二、三列的三个按钮所示。在创建力对话框下底部出现相应的设置力对话框,如图 3 - 11 所示。

(2)"Construction"定义力的作用方式和方向。

力的作用方式:Location、Bodies-Location 或 Bodies －2 Location;

力方向:Normal to Grid、Pick Feature;

力的大小:常值大小选项为 Constant、系数刚度系 K 和阻尼系 C Bushing-like、用户定自义的函数来表示力大小 Custom。

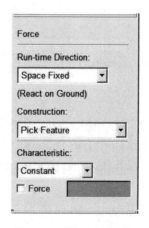

图 3 - 11 设置力对话框

(3)根据状态栏提示,在图形区用鼠标选取对象添加作用力。

3.4.3 添加柔性连接

前文介绍的约束实现两个部件刚性约束,而柔性连接可以实现部件柔性连接起来。

在 ADAMS/View 中,柔性连接有线性弹簧阻尼器、扭转弹簧阻尼器、衬套、无质量梁、场力。

1. 线性弹簧阻尼器

线性弹簧阻尼器作用在有一定距离的两个部件上,如图 3 - 10 中"Flexible Conections"项目中第一列的第二个按钮所示。施加在两个部件上的力分别为作用力和反作用力,两者大小相等、方向相反。可以设置线性弹簧阻尼器的刚度系数和阻尼系数。

在添加好的线性弹簧阻尼器上单击鼠标右键,选择"Modify",弹出如图 3 - 12 所示的修改对话框,设置线性弹簧阻尼器作用的构件、黏滞阻尼系数和弹簧刚性系数、弹簧阻尼器的预紧力、是否显示弹簧和阻尼力图等。

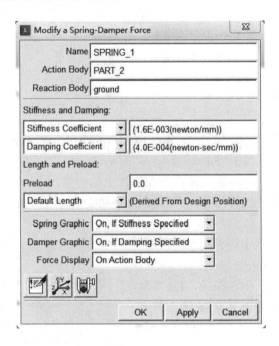

图 3 - 12　线性弹簧阻尼器修改对话框

2. 扭转弹簧阻尼器

扭转弹簧阻尼器实现对两个构件施加一个大小相等、方向相反的转矩,如图 3 - 10 中"Flexible Conections"项目中第二列的第一个按钮所示,扭转弹簧阻尼器的施加方法和设置修改方法类似于拉压弹簧阻尼器。

3. 衬套力

通过定义力和力矩的 6 个分量(FX、FY 、FZ 、TX 、TY 、TZ),在两构件之间施加一个柔性力,如图 3 - 10 中"Flexible Conections"项目中第一列的第一个按钮所示。施加衬套力后,会在两构件的力作用点自动建立两个标记点:I Marker 和 J Marker。

施加衬套力的步骤:

(1)在力库中选择按钮,弹出如图 3 - 13 所示的对话框。

(2)在图 3 - 13 所示的对话框中选择力的作用方式和方向。

① 力的作用方式：1 Location、2 Bodies-Location 或 2 Bodies-2 Location；

② 力的方向：Normal to Grid、Pick Feature。输入拉伸和扭转刚性系数和阻尼系数。

（3）根据屏幕状态栏的提示，确定衬套力作用的构件、衬套力作用点和衬套力方向，完成衬套力建模。

此外还可以使用施加无质量梁、施加力场来定义更一般的力和反作用力，如图 3-10 中"Flexible Conections"项目中后两个按钮所示。它们的力计算公式与衬套力的计算公式有相似之处，主要的不同是无质量梁、力场的 K_{ij}、C_{ij}（$i \neq j$）不全为零。

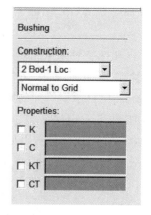

图 3-13　衬套力设置对话框

3.3.4　特殊载荷

特殊力有接触力、轮胎力、分布载荷等，在这里仅介绍接触力。如图 3-10 中"Flexible Conections"项目中"Special Forces"所示。

接触力（Contact Forces）是一种作用在构件上的特殊力，当两个构件相互接触并发生变形时，产生接触力，接触力的大小与变形大小和变形速度有关。两个构件不接触时，接触力为零。

ADAMS/View 提供了 7 种类型的接触力分析：Solid to Solid、Curve to Curve、Point to Curve、Point to Plane、Curve to Plane、Sphere to Plane、Sphere to Sphere，通过基本接触的不同组合可以实现复杂接触的仿真分析。

接触力的添加步骤：

（1）在力库选择接触力工具按钮，如图 3-10 中"Flexible Conections"项目中"Special Forces"中第一个图标，弹出如图 3-14 所示的接触力设置对话框。

（2）选择接触力类型，接触体输入栏会因接触力类型的不同而相应地变化。

（3）在接触体输入栏，第一栏为主动的接触体，第二栏为反作用的接触体，在输入栏内双击左键，弹出数据导航窗口，从中选取接触体。也可在栏内点击鼠标右键选择"Pick"，可在从图形窗口中点取接触体，也可在栏内直接输入接触体的名称。如果接触体为曲线

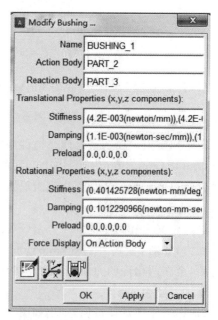

图 3-14　接触力设置对话框

或球体,将可以改变接触面方向,单击选择项后的按钮改变接触方向。

(4)输入参数。

Stiffness:刚度系数,产生单位接触变形的力;

Force Exponent:力的非线性指数;

Damping:最大的黏滞阻尼系数;

Penetration Depth:最大阻尼时构件的变形深度。

3.5　仿真参数控制及仿真

建立模型后就可以进行仿真分析。进行仿真之前,需要完成以下工作:

(1)仿真时间参数设定。设置仿真分析控制参数,如分析类型、时间、分析步长、分析精度等。这里需要说明的是,在一些分析中,分析时间与步长的设置对分析过程或结果重要,建议时间步长设置小一点。

(2)确定仿真分析需要获得的输出。ADAMS/View 提供了常用的默认输出,也可以采用测量和指定输出,自定义一些特殊的仿真输出。

(3)为保证仿真顺利进行,需要检查、检验模型以及初始条件是否正确。

(4)对样机进行仿真分析。在仿真分析过程中如出现错误,可以仿真跟踪和调试故障。

3.5.1　仿真分析输出设置

1. 输出类型

在 ADAMS 中,有两类仿真分析输出。一类是系统默认的,另外一类是用户定义的。

系统默认的仿真输出主要输出模型各个对象的基本信息及各个对象的分量信息,主要包括:运动副、原动机、载荷和弹性连接等产生的力和力矩;对象的各种运动状态;构件位置变化信息。

通过函数的方式可以实现灵活的自定义输出,可以测量某个特定的分量、用于结果分析和定义模型、在模拟过程和后处理中观察仿真结果。

2. 测量功能

ADAMS/View 提供两种类型的测量,一种是程序预先定义好可以自动输出结果的测量,如构件、点、柔性件、力、运动副等对象的位置,速度和加速度,动能,势能,力等有关特性,点、方向、角度的测量等。另一种是自定义的测量,即用 ADAMS/View 表达式和 ADAMS/Solver 函数自定义测量的内容。

测量功能常用在以下场合:

(1)仿真分析过程中跟踪、绘制感兴趣的变量,以便跟踪、了解仿真分析的过程。

(2)结束仿真后绘制待测参数的变化曲线图。

（3）建模时用以定义其他对象,如用两个测量来分别定义弹簧力和阻尼力。

（4）设计研究、试验设计和优化分析中定义对象。

在定义和使用测量时应注意:

（1）测量结果是根据模型的仿真结果得到的,如果修改模型,先前的测量结果可能不再正确。

（2）ADAMS/View 表达式只能在仿真分析以前或以后使用,不能将 ADAMS/View 的表达式应用于 ADAMS/Solver 的运行函数中,必须在仿真分析以前定义 ADAMS/Solver 函数。

（3）在默认状态下,系统使用全局坐标系定义速度和加速度值。

（4）可以用命令文件输出含有测量的样机,如果使用 ADAMS/Solver 输出含有测量的模型,在重新输入文件会丢失测量内容。

（5）在用 ADAMS/View 表达式或 ADAMS/Solver 函数自定义测量时,使用的单位应该同系统设定的单位一致。

3. 产生或修改测量的方法

（1）单击菜单"Design Exploratoion",选择下面的"Measures"中的一个测量项,如图3-15 所示,其中各选项实现功能为:

① 表示创建一个测量项目;

② 表示创建一个角度测量项目;

③ 表示已定义的测量的统计值,如平均值、最大值等。

④ 表示使用 ADAMS/Solver 函数的测量。

⑤ 表示两点之间的相对运动测量;

⑥ 表示坐标系标记方向的测量;

⑦ 表示使用 ADAMS/View 表达式的测量;

⑧ 表示将已关闭的测量窗口重新显示。

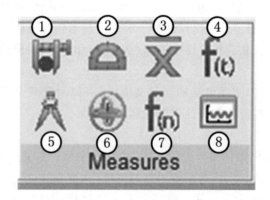

图 3-15　测量菜单

（2）单击"Slected Object"→"New"或"Modify"按钮,弹出数据库浏览器,选择建立或修改测量对象。

也可以将光标移至需测量的对象上,单击右键,如图3-16 所示。

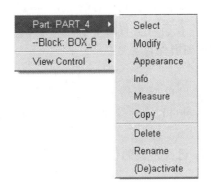

图 3-16　测量对象

选择对象,然后选择"Measure",弹出如图 3-17 所示的对话框,其中"Characteristic"中的选项如图 3-18 所示。选项不同,X、Y、Z、MAG 的含义也不同,分别可以是位移分量、(角)速度分量、(角)加速度分量、某点受力(矩)分量。

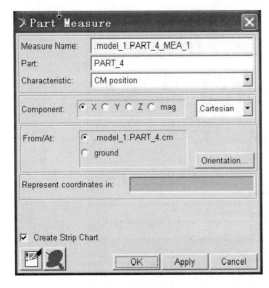

图 3-17　测量设置对话框

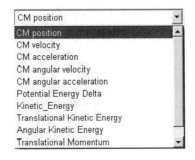

图 3-18　Characteristic 选项

(3)在对话框中输入测量的名称、测量对象和内容、被测量的分量和坐标系类型、参考坐标系、测量的参考点和方向。"Create Strip Chart"复选框表示是否显示测量参数随时间变化的输出图。

(4)单击"OK"按钮完成测量设置或修改。

单击测量显示窗口右上角的开关按钮,只是关闭测量窗口,不会丢失定义的测量数据。打开测量的方法是单击图 3-15 中的⑧,弹出数据库浏览器窗口,在此可以选择需要显示的测量。

其他测量方法:单击修改对话框中的测量按钮即图 3-15 中的①,主工具箱的测量库中两点相对运动测量工具按钮和角度测量工具按钮⑤和②。

定义好测量后,会弹出一个显示窗口。ADAMS/View 会在这个窗口中显示测量参数随时间变化的输出曲线图。在窗口中右键单击测量输出曲线,在弹出的快捷菜单中选择"Save Curve"命令,可以将图形保存。

4.输出设置

ADAMS/View 预设的输出可以获得模型的运动特定,如位移、速度、加速度和力(矩)等 4 种类型的仿真结果,也可以自定义其他输出量,如压力、功、能、动量等。可以使用以下 3 种方法自定义输出设置:

(1)选择 ADAMS/Solver 已经定义的位移、速度、加速度和力的输出组,并指定参考坐标系。

(2)使用用户自定义的若干函数表达式定义所需的输出,在一个输出要求中,最多定义 6 个不同函数表达式来表示 6 个不同输出。

(3)使用用户自定义的子程序 REQSUB 来定义非标准的输出。

设置输出要求的方法如下:

(1)单击菜单"Desing Exploration"项下的输出按钮(可以将鼠标指在图标上等一两秒,ADAMS 会提示),显示输出要求设置对话框,如图 3-19 所示。

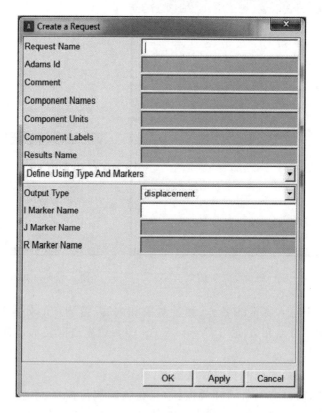

图 3-19 输出要求设置对话框

(2)在对话框中填写所定义输出的名称、ID 号(整数),还可以输入备注"Comment"。

(3)在定义方法栏,选择输出定义方法。"Define Using Type and Markers"表示采用已经定义的输出类型,有位移、速度、加速度、力等可供选择;"Define Using Subroutines"
表示采用自定义子程序来定义输出;"Define Using Function Expression"表示采用自定
义函数表达式来定义输出。

(4)根据对话框提示完成选择定义输出内容。

3.5.2　模型检查

完成建模和输出设置后,应该对样机模型进行检查,排除建模中的错误,再进行仿真
分析。模型检验工作通常包括如下工作:

(1)检查不恰当的连接和约束、没有约束的构件、无质量构件、样机的自由度等。

(2)进行装配分析,检查所有的约束是否被破坏或错误定义。

(3)动力学分析前,先进行静态分析,排除系统在启动状态下的一些瞬态响应。

可以用 ADAMS/View 提供工具来进行模型检查。单击菜单"Tools"→"Model
Verify",启动模型自检。自检完成后,程序显示如图 3-20 所示的模型自检结果表,显示
构件数量、约束数量及类型、模型自由度、冗余方程个数等信息。

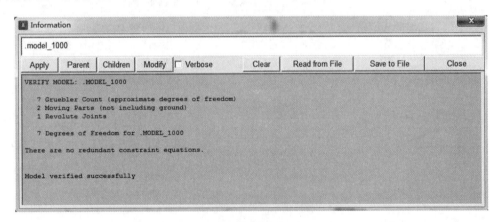

图 3-20　模型自检结果表

3.5.3　模型仿真

ADAMS/View 可以自动地调用 ADAMS/Solver 求解程序,有 4 种类型的仿真
分析:

(1)动力学分析(Dynamic),求解非线性的微分和代数方程组,仿真分析自由度大于
零的复杂系统的运动和各种力。

(2)运动学分析(Kinematic),求解代数方程组,仿真分析自由度等于零的有确定运动
系统的运动。

(3)静态分析(Static),通过力平衡条件求解构件各种作用力的静态分析。

(4)装配分析(Assemble),用以检查纠正在装配和操作过程中的错误连接和不恰当

的初始条件。

1. 交互式仿真

交互式仿真可以方便、迅速地实现模型仿真分析和试验,初步的仿真分析一般都采用这种方法。随着仿真分析的深入,可以设置更复杂的仿真参数完成复杂的仿真分析。

早期的软件版本中,简单仿真对话框如图 3-21 所示。其中②表示动画设置,①表示仿真过程设置。在主工具箱选仿真按钮①,显示图 3-21 下方"Simulation"所示简单仿真工具和参数设置。其中:③按钮表示返回初始状态,④按钮表示停止仿真,⑤按钮表示开始仿真,⑥按钮表示初始力平衡分析,⑦按钮表示重现仿真过程。单击…按钮,显示图 3-22(a)所示的仿真控制对话框,图 3-22(b)中打钩按钮表示模型验证工具。

在新的版本软件中,点击"Simulation"项,在"Simulate"中点击齿轮图标,显示如图 3-22 右图所示的仿真控制对话框。

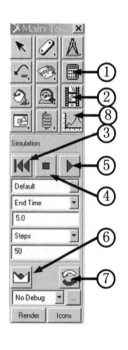

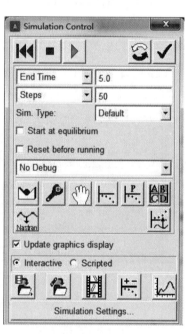

(a)   (b)

图 3-21 简单仿真对话框   图 3-22 仿真控制对话框

交互式仿真步骤如下:

(1)选择仿真类型。

如果系统自由度为零,可选择"Kinematic"进行运动学分析;如不为零,可以选择"Dynamic"进行动力学分析。选择"Static"进行静平衡分析。选择"Default",系统将判断模型的自由度,自动选择分析类型。

(2)设置分析时间和步长。

End Time:定义仿真分析停止绝对时间。

Duration:定义开始仿真分析到停止分析的时间间隔,定义的是时间增量。如需要从上一次分析结束的位置继续分析,可以用"Duration"定义仿真时间。

Step Size:定义前后两步输出的时间间隔,时间单位为系统使用的时间单位。

Steps:定义在整个分析过程中总输出的步数。

无论哪种方式,所设置输出步长要合适。步长太大则不能反映样机的高频响应,接触约束可能会发生穿透。步长过小会大幅度延长仿真分析时间,同时使得输出文件很大。

(3)运行仿真。

单击图 3-21 中的按钮⑤,开始仿真分析。分析过程中,可以实时显示模型样机的运动状况以及实时测量数据曲线。单击按钮⑤,将从上一次仿真停止位置开始分析。

仿真分析结束后,单击按钮⑦回放仿真过程。

2. 脚本仿真控制

使用脚本仿真控制完成更复杂的仿真控制功能。在设计研究、试验设计和优化分析等过程中,常常需要采用脚本仿真控制方式进行。

ADAMS 共有 3 种脚本仿真:

(1)Simple Run:简单交互式控制仿真。

(2)ADAMS/View:由 ADAMS/View 命令组成的脚本仿真,可以改变模型和 ADAMS/Solver 设置,不影响正在进行的仿真分析。

(3)ADAMS/Solver:由 ADAMS/Solver 命令组成的脚本仿真,可以在仿真过程中改变模型或 ADAMS/Solver 设置。ADAMS/Solver 的命令包括:运行和控制仿真命令、修改数值分析参数命令、数据输入和输出命令、设置仿真分析对象命令、修改对象命令等。

创建脚本仿真的步骤为:

(1)"Simulate"菜单→"Simulation Script"→"New"命令,弹出如图 3-23 所示的对话框。

(2)选择仿真类型。脚本仿真类型有 Simple Run、ADAMS/View 和 ADAMS/Solver。

选择"Simple Run",如图 3-23 所示,输入名称、仿真时间、步长和仿真分析类型,单击"OK"就完成仿真设置。

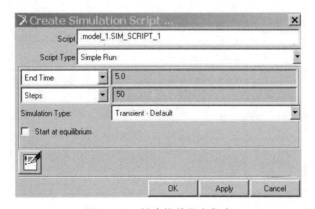

图 3-23　创建简单脚本仿真

选择"ADAMS/View",点击对话框底部的"Append Run Command"按钮,弹出如图 3 - 24 所示的对话框。

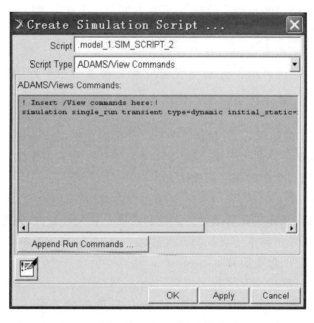

图 3 - 24　创建 ADAMS/View 脚本仿真对话框

选择分析类型方式、设置时间、步长、模型等,如图 3 - 25 所示,点击"OK"按钮,在对话框中的命令栏内添加了相应的命令。根据需要可以再添加分析过程,程序将依次完成相应的分析。

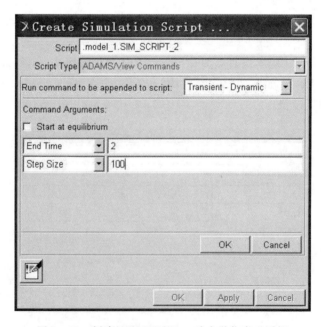

图 3 - 25　创建 ADAMS/View 动力学仿真对话框

选择"ADAMS/Solver",如图 3 - 26 所示。在对话框底部的"Append ACF Command"下拉列表框中选择需要的分析类型,在弹出窗口中设置相关参数,单击"OK"就可以把分析、设置命令附加在脚本中。

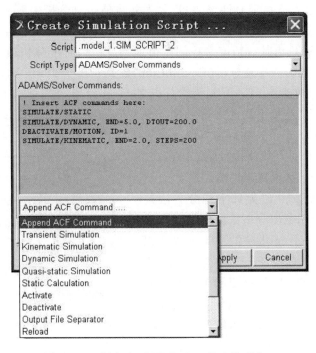

图 3 - 26　创建 ADAMS/Solver 脚本仿真窗口

图 3 - 27 为选择动力学分析参数设置窗口。

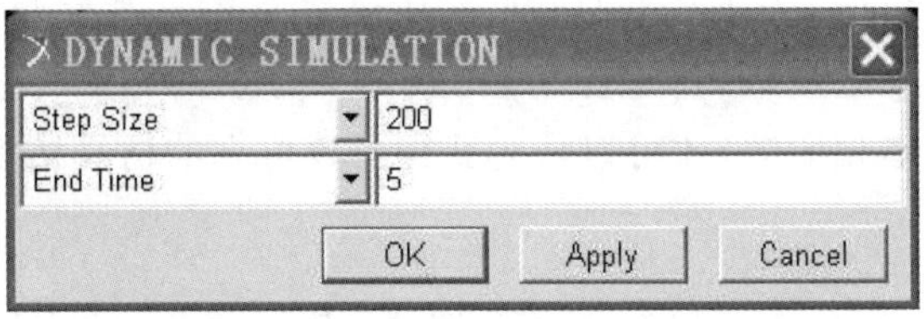

图 3 - 27　动力学分析参数设置窗口

(3)单击"OK"按钮,完成仿真脚本创建。

3. 运行脚本仿真

单击菜单"Simulate"→"Simulation Script"运行脚本仿真,在"Simulation Script Name"栏,输入脚本仿真名称,点击仿真运行按钮,开始脚本仿真分析。

ADAMS 仅保存最后一次的仿真分析结果,可用保存命令将需要的仿真结果存入数据库,也可删除数据库中保存的仿真结果,还可以在仿真结果的基础上产生新模型。在仿真控制对话框中,点击如图 3 - 22 中的保存按钮(最后一行图标的第一个按钮),将结果保存到数据库;点击删除按钮(最后一行图标的第二个按钮),将从数据库删除结果。

完成仿真分析以后,使用主工具箱(如图 3 - 21)中按钮②,重现 ADAMS/Solve 的仿真过程,以进一步观察和研究模型的运动状况。

4. 仿真分析控制参数的设置

对于静态分析、动力学分析、运动分析、装配分析,ADAMS 均使用插值方法求解微分方程。求解插值时,需指定允许误差,过大误差将使仿真分析失败或仿真结果出现错误。误差过小,将使仿真时间延长。

ADAMS/View 均由默认精度来控制差值误差。初始状况分析(Initial Conditions)默认精度为 $1.0E-10$,静平衡分析(Equilibrium)默认精度为 $1.0E-4$,运动学分析(Kinematics)的默认精度为 $1.0E-4$,动力学分析(Dynamics)默认精度为 $1.0E-3$。

可以在"Sitting"菜单中修改求解精度。单击菜单"Sitting"→"Solver",选取需要修改参数的分析方法,如选取动力学分析"Dynamatics",弹出如图 3-28 所示的设置对话框。

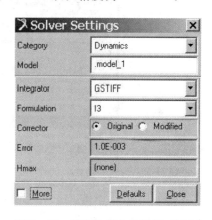

图 3-28 仿真控制参数设置对话框

对话框中"Integrator"为数字积分方法选择。动力学分析使用数值分析法求解微分和代数方程,ADAMS/Solver 共提供了 4 种数字积分方法,Gear 法(GSTIFF)、改进 Gear 法(WSTIFF)和 DASSL 法(DSTIFF)为刚性数字积分法,ABAM 法为柔性数字积分法。刚性数字积分法用隐含的向后差分法求解微分和代数方程,柔性数字积分法先用坐标分隔方法从微分和代数方程获得普通微分方程,再显式求解微分方程。

ADAMS/View 默认的仿真求解参数设置是较理想的,不要随便改动。对一个新建的样机进行动力学分析时,先采用 ADAMS/View 默认的迭代精度进行分析,接下来可以将迭代精度提高一个数量级,再次分析,比较两次分析的结果。直到接连两次不同精度的迭代分析结果基本相同时,才可以认为获得了较可靠的仿真结果法。

3.6 仿真后处理

ADAMS/View 调用模块 ADAMS/PostProcessor 来完成仿真分析结果的后处理。ADAMS/PostProcessor 模块主要提供了两个功能:仿真结果回放功能和分析曲线绘制功能,完成模型仿真结果动画;输入测试数据,验证模型的有效性;绘制、编辑仿真分析曲线并进行一些曲线的统计、计算。

3.6.1 后处理基本操作

在"ADAMS/View"主工具箱选择后处理工具按钮,如图 3-21 中的按钮⑧,或者单击菜单"Review"→"Plotting Window",或按"F8",就可以启动"ADAMS/PostProcessor"。

在"ADAMS/PostProcessor"窗口中显示测量和参数化分析结果。此时可以用鼠标右键在"ADAMS/View"屏幕上打开弹出式菜单,从中选择测量轨迹图,再选择"Transfer to Full Plot"命令,程序将测量轨迹图自动地转换到"ADAMS/PostProcessor"窗口中。

"ADAMS/PostProcessor"后处理程序窗口如图 3 - 29 所示。

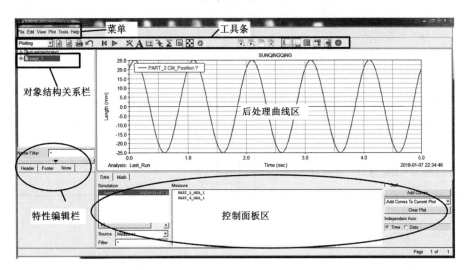

图 3 - 29　后处理程序窗口

(1)菜单栏。根据仿真回放模式或数据曲线绘制模式,菜单栏内容有所不同。菜单栏包含文件、编辑、视图、绘曲线、工具、帮助等。

(2)工具条。后处理快捷工具命令。ADAMS/PostProcessor 提供了 3 类工具条:主工具条,后处理的一些常用命令;曲线编辑工具条,数据曲线处理和运算的各种工具;统计工具条,数据曲线的各种统计运算工具。

在主工具条的最左端,有一个列表框,用以选择活动窗口模式:绘制仿真结果曲线(Plotting)、回放仿真过程(Animation)、Report、Plot3D。

(3)对象结构关系栏。显示后处理各种对象的结构关系树。

(4)特性编辑区。显示被选对象有关特性编辑的对话框,不同对象的特性编辑区内容有所不同。

(5)后处理的绘图区。显示当前页窗口,每页窗口可含 1～6 幅曲线图和仿真回放图。

(6)控制面板区。提供了可以控制后处理曲线和仿真回放的命令,如列出所有结果数据,供绘制曲线选择;对于仿真回放图,给出仿真回放工具命令等。

(7)状态栏。提供当前页号和操作提示等信息。

在"View"菜单,"Toolbars"项中,选择显示或关闭工具条和工具区域,可以改变"ADAMS/PostProcessor"窗口显示内容。

"ADAMS/PostProcessor"的菜单包含所有后处理命令,在主工具条中列出了常用后处理命令,表 3 - 7 列出了主工具条部分后处理快捷命令。

单击关闭按钮或按"F8",结束"ADAMS/PostProcessor",返回"ADAMS/View"。

表 3 - 7 后处理快捷命令

工 具	说 明	工 具	说 明
	重新加载,采用更新数据曲线		回放仿真结果
	回到初始状态		显示曲线的统计结果,曲线数据点的最大值、最小值和平均值等
	显示曲线编辑工具栏		显示上一页或第一页
	删除当前页		显示/关闭对象结构关系显示区
	显示/关闭窗口中控制区		新的页面布置选择,有 12 种布置方案供选择

3.6.2 仿真过程回放

用 ADAMS/PostProcessor 程序重现 ADAMS/View 的仿真计算结果。

将鼠标置于后处理绘图区上,单击鼠标右键弹出图 3 - 30 所示菜单,选取"Load Animation"调入 ADAMS/View 的仿真计算结果动画菜单。

单击控制面板区运行按钮,对话框如图 3 - 31 所示,播放动画。单击红色的"R"按钮,可以将仿真动画以 AVI、JPG 等格式录制下来,供其他媒体工具进行编辑、播放。"Record"可以对录制格式、单位时间图像帧数等进行设置。

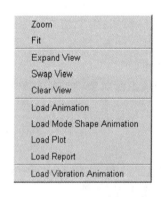

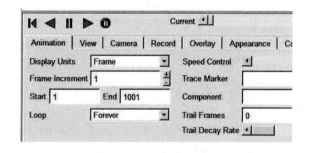

图 3 - 30 调入仿真结果动画菜单　　　　图 3 - 31 后处理仿真过程回放控制对话框

3.6.3 仿真曲线

用曲线图表达仿真结果能使用户了解模型特性。使用 ADAMS/PostProcessor 可以绘出仿真自动生成结果的曲线和用户定义的测量曲线,还能把输入进来的试验测试数据绘制成曲线图,在建立好的曲线上还可以进行数学运算和处理。

1. 曲线图的建立

绘制曲线图模式下,在控制面板中选择需要绘制的仿真结果。在选择了仿真结果以绘制曲线后,可以安排结果曲线的布局,包括增加必要的轴线、确定量度单位的标签、曲线的标题、描述曲线数据的标注等。

绘制曲线图模式下的控制面板如图 3 - 32 所示。

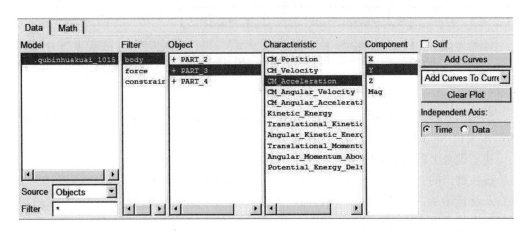

图 3 - 32　绘制曲线图模式下的控制面板

在绘制曲线数据来源中可以选择"Objects""Measures""Result Set"等选项,可分别绘制物体特性曲线、绘制测量曲线、绘制结果曲线等。添加曲线时首先要选择数据来源和数据,然后从"Add Curves"按钮下的列表中选择采用何种方式添加曲线,可选择(不同数据源,选项也不同,以 Object 数据源为例):

(1)Add Curves to Current Plot:曲线到当前曲线图页面。

(2)One Curves Per Plot:在一个新页面创建曲线。

(3)One Plot Per Object:对一项特定的物体创建一条新曲线。

绘制横坐标轴数据可以是仿真时间"Time",也可选择其他数据作为横坐标轴。在控制面板右端的横坐标轴"Independent Axis"中选择"Data",会出现横坐标轴浏览器,然后选择想要作为横坐标轴的数据。

一个页面中的每条曲线的颜色、线型、符号都可以修改。在对象结构关系栏选择要修改的曲线,或在页面上单击曲线,然后在特性编辑区就可进行所需要的修改。

2. 曲线的数学计算

ADAMS/PostProcessor 提供了曲线统计运算结果工具,如图 3 - 33 所示。"View"菜单选"Toolbars"项,再选"Curve Edit Toolbar",或主工具条中的①,将显示曲线编辑和运算工具条。可以由计算来创建新曲线,或对所选的曲线进行修改。

图 3 - 33 中工具中的其他工具分别为:②项为两曲线的相加、相减、相乘;③项为一曲线的绝对值、负值(对称值)、样条曲线、比例放大、平移、积分;④项为曲线的微分、积分;⑤项为由曲线数据点产生新的样条函数、修改曲线数据点的值、曲线滤波。

3. 曲线的统计

通过"View"菜单选"Toolbars",再选"Statistics Toolbar",或主工具条中①的第一项,在主工具条的下边将显示如图 3-33 所示曲线统计运算结果工具条。

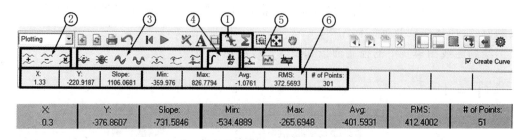

X:	Y:	Slope:	Min:	Max:	Avg:	RMS:	# of Points:
0.3	-376.8607	-731.5846	-534.4889	-265.6948	-401.5931	412.4002	51

图 3-33 曲线统计运算结果工具

显示出了当前数据点的 X、Y 坐标、数据点处的曲线斜率 Slope,数据曲线的最小值 Min、最大值 Max 和平均值 Avg,数据曲线的均方根 RMS 等。

使用键盘上的向上和向下键,选择同一页面中不同的曲线。

按住键盘的"Shift"键,然后用键盘上向左和向右键,显示所选择的曲线局部极大值点以及统计结果;按住键盘的"Ctrl"键,然后用键盘上向左和向右键,显示所选择的曲线局部极小值点以及该点统计结果。

确定两数据点之间的距离方法为:在第一点按住鼠标左键拖曳到第二点,在拖曳时统计运算工具条显示两点的横坐标差 DX、纵坐标差 DY、斜率 DY/DX、以及 MAG(距离)。

4. 曲线图的处理

在 ADAMS/PostProcessor 中,可以对曲线图进行滤波、快速傅立叶变换(FFT)、生成伯德图(Bode)等处理。

(1)曲线数据滤波

对数据滤波可减小时域信号中的噪声或者加强时域信号中特定的频域分量。ADAMS/PostProcessor 有两种类型滤波,一种是 Math Works 公司开发的 MATLAB 软件中采用的巴特沃斯(Butterworth)滤波,另一种是指定传递函数。

① 定义滤波函数。每种滤波类型都有模拟滤波和数字滤波两种,这两种滤波的计算方法不同,在滤波处理前都需要定义滤波函数。

如图 3-33 中,曲线编辑运算工具条中选曲线滤波工具⑤的最后一项,工具条后边出现"Filter Name"文本输入框,在其中点鼠标右键,弹出式菜单中选择"Filter-Function",再选"Create",显示如图 3-34 所示滤波函数定义对话框。然后在"Filter Name"栏文本输入框输入所产生的过滤器函数名称。在"Defined by"

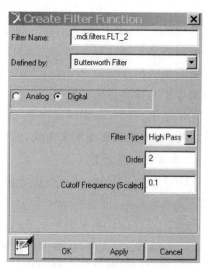

图 3-34 滤波函数定义对话框

栏选择过滤器类型：巴特沃斯(Butterworth Filter)、传递换函数(Transfer Function)。

②　过滤方法选择"Analog""Digital"，根据所选的滤波器类型输入有关参数，Butterworth 滤波器需要设置：低通滤波器(Low Pass)、高通滤波器(High Pass)、带通滤波器(Band Pass)、带止滤波器(Band Stop)、阶数(Order)、截止频率等，传递换函数滤波器需要设置传递换函数分子项系数(Numerator Coefficients)、分母项系数(Denominator Coefficients)，也可以使用"Create From Butterworth"按钮由 Butterworth 滤波器来定义系数，还可以用"Check Format and Display Plot"按钮显示已经定义的滤波器的幅频特性，以便检查定义的滤波器是否正确。

③　完成建立滤器函数。应用滤波器函数对曲线数据滤波的方法为：选择点击过滤曲线工具⑤；"Filter Name"后输入滤波函数名，如要零相过滤，选择"Zero Phase"。零相数值过滤方法采用向前和向后两个方向处理输入数据，其处理结果失真较小，但是过滤函数的实际指数增加了一倍。如果需要保留原曲线，选择"Create Curve"。点击需要滤波的曲线，这时页面上出现滤波后的曲线。

(2)快速傅里叶变换(FFT)

FFT 变换是常用的信号处理数学运算规则，得到信号与频率有关的信息。

Plot 菜单中选 FFT…，弹出如图 3 - 35 所示的 FFT 分析对话框。

在"Curve Name"中右击，在弹出菜单"Plot_curve"下选"Pick"，再到页面中到相应的曲线上点击，就完成了曲线输入，也可以在"Plot _ curve"下选"Browse"，在弹出数据库导航器中选取曲线，还可以在"Curve Name"中直接输入曲线名。"Y - Axis"栏中有"Mag""Phase""PSD"三种分析方法选择。

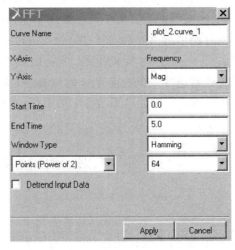

图 3 - 35　FFT 分析对话框

Mag 以 FFT 分析复数值的绝对值为 Y 轴绘制出频率数据的左半边频谱，而右半边频谱是左半边的镜像，分析得到的是幅频图。

Phase 确定标准 FFT 分析复数值相位角，在给定频率处给出时域数据中等效正弦函数表达的相位差，分析得到的是相频图。

PSD(Power Spectral Density)表达信号在其频率成分上的功率分布。PSD 曲线通常看上去和 Mag 曲线相似，但具有不同的比例，分析所得到的是功率谱密度图。

接下来还需要选择加窗函数类型(Window Type)和 FFT 分析点数。设置好后，点击"Apply"，在页面上就会出现 FFT 分析结果。

第4章 单自由度系统仿真

4.1 基本概念

  单自由度系统是指用一个坐标系统便能够描述的系统。单自由度系统是最简单的振动系统,典型的单自由度系统如图4-1所示。

  所有的单自由度系统经过简化均可以抽象成单振子,即系统中所有的质量都认为集中到质点 m 上,称为当量质量。所有的弹性集中到弹簧上,称为当量刚度。单自由度振动系统通常包含一个质量为 m 的质量点,质量与固定点之间的弹性系数为 k 的元件,以及由于运动产生的阻尼系数为 c 的阻尼,有时,还有作用在系统上的激振载荷 F。

4.2 单自由度系统振动

  根据牛顿第二定律,很容易建立起单自由度振动系统模型。如图4-2所示,在外在激励 F 作用下,系统在任意时间 t 的平衡方程见式(4-1)。

$$m\ddot{x}+c\dot{x}+kx=F \tag{4-1}$$

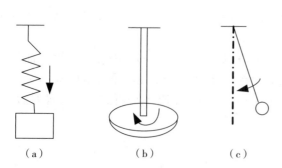

   (a)   (b)   (c)

图4-1 典型的单自由度系统

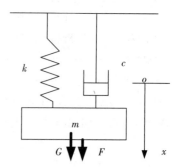

图4-2 单自由度振动系统模型

这个式子称为单自由度系统线性振动微分方程的一般形式。它又分为 4 种不同的情况：

(1)单自由度无阻尼自由振动

$$m\ddot{x}+kx=0 \tag{4-2}$$

(2)单自由度有阻尼自由振动

$$m\ddot{x}+c\dot{x}+kx=0 \tag{4-3}$$

(3)单自由度无阻尼强迫振动

$$m\ddot{x}+kx=F \tag{4-4}$$

(4)单自由度有阻尼强迫振动

$$m\ddot{x}+c\dot{x}+kx=F \tag{4-5}$$

4.2.1　无阻尼自由振动

如果给系统一个初始振动,系统在惯性力与弹簧力的作用下,开始产生自由振动,这类的运动称为无阻尼自由振动。考虑以静平衡位置为坐标系原点,向下为正,建议坐标系如图 4-2 所示,可以建立的振动方程见公式(4-2),为了方便分析,对式(4-2)进行整理,可以得到公式(4-6)。

$$\ddot{x}=-\frac{k}{m}x \tag{4-6}$$

如果系统运动的初始条件为:$t=0$ 时,$x=x_0$,$\dot{x}=\dot{x}_0$,根据相关理论,可以很容易求出对应于初始条件的系统响应方程:

$$x=x_0\cos\omega_n t+\frac{\dot{x}}{\omega_n}\sin\omega_n t \tag{4-7}$$

4.2.2　有阻尼受迫振动

单自由度系统在有持续激励时的振动,这类振动称为强迫振动,强迫振动是工程中常见的现象。根据激励的来源可分为两类,一类是力激励,它可以是直接作用于机械运动部件上的惯性力,也可以是旋转机械或往复运动机械中不平衡量引起的惯性力;另一类是由于支撑运动而导致的位移激励/速度激励以及加速度激励。

如图 4-2 所示的弹簧质量系统为对象,以静平衡位置为坐标原点,根据力系平衡原理,建立动力学方程见式(4-5)。如果外在的激励为一个简谐作用力,那么令:

$$\omega^2=\frac{k}{m},2n=\frac{c}{m},\xi=\frac{n}{\omega_n}$$

得到：

$$\ddot{x} + 2n\dot{x} + \omega_n^2 x = \frac{F_0}{m}\sin\omega t \qquad (4-8)$$

公式(4-8)的求解不是本书的重点，这里不做介绍。根据相关资料，公式(4-8)的稳定解为：

$$x = B\sin(\omega t - \phi) \qquad (4-9)$$

式中，B 为受迫的运动的振幅，ϕ 为受迫振动与激振力之间的相位差，B，ϕ 均为待定值，可以通过进一步求解获得。

4.3　单自由度系统振动的 Simulink 建模、仿真

以单自由度有阻尼自由振动响应的求解为例，介绍 Simulink 的建模与仿真方法与原理。将公式(4-3)改写成如下形式：

$$\ddot{x} = \frac{c}{m}\dot{x} - \frac{k}{m}x \qquad (4-10)$$

假设单自由度有阻尼自由振动初始参数为 $m=10$，$k=12000$，$c=40$，$x(t=0)=0$，起始加速度 $\dot{x}(0)=1$，$t=0$。

这个模型是一个离散系统，本例采用 MATLAB 进行仿真。根据公式(4-10)，考虑 Simulink 的仿真过程，建立其思路图如 4-3 所示。

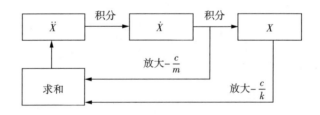

图 4-3　Simulink 建模思路

4.3.1　创建仿真模块的思路

在创建 Simulink 仿真系统时，模块图创建是一个难题。Simulink 是一种数学仿真模式，因而创建模块应当根据数学公式(4-10)创建。先将公式(4-10)改写为公式(4-11)的形式，只是加上一个常数 C，加上一个常数模块是为了保证仿真系统的稳定性。公式(4-11)中，共有 7 个系统变量或常量。

$$\ddot{x} = -\frac{c}{m}\dot{x} - \frac{k}{m}x + C \tag{4-11}$$

$\ddot{x}$：对应一个积分模块，此项为加速度项，经过积分项后，输出的是速度。

$\dot{x}$：对应一个积分模块，此项为速度项，经过积分项后，输出的是振幅。

$\frac{c}{m}$、$\frac{k}{m}$：这两项为变量的系统，分别对应 2 个放大系数项，用来修正积分的输出。

x：此项是速度积分项的输出，也要本仿真需要得到的结果，因而对应一个输出显示模块，相当于显示器一样。

C：常数模块，本例中相当于初始加速度。如果没有，可以设为 0。

=、一、+：在 Simulink 中，求各模块可以实现此功能，即把输入的变量通过加减运算后输出。

通过上述分析，先需要创建上面列出的单独模块。各个单独模块的连接则要根据图 4-3 创建，这个思路要根据公式（4-11）及 Simulink 的规则，要能够形成迭代过程，即图 4-3的闭环迭代过程。

4.3.2　创建各个模块

采用 MATLAB 的 Simulink 进行仿真，启动 MATLAB，可以在命令窗口里输入 Simulink，然后选择"File - New Model"，在跳出的模型窗口，如图 4-4 所示，点击"New Model"开始创建仿真模型。

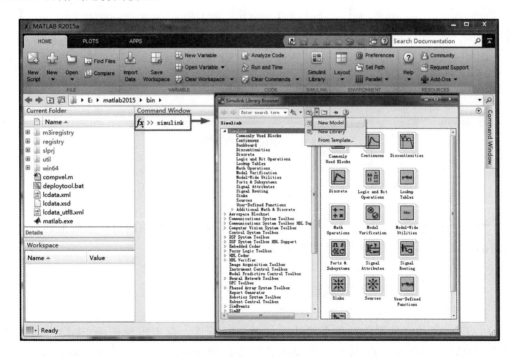

图 4-4　创建仿真模型窗口

4.3.3 设置模块参数

根据初始条件创建分析仿真模型的各个模块。创建模块的思路如图 4-3 所示,需要 2 个积分模块、2 个放大模块和 1 个求和模块。另外还需要加上初始条件模块、输出结果模块及加法器模块,如图 4-5 所示。

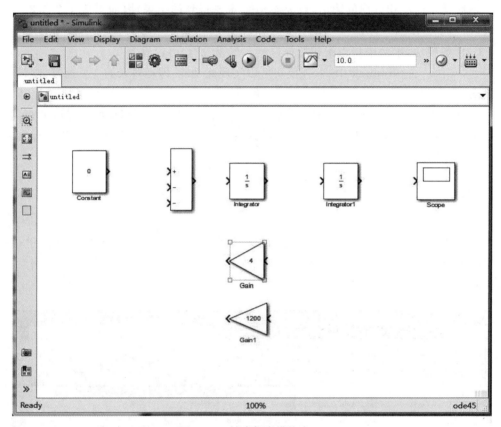

图 4-5　创建仿真模块窗口

4.3.4 连接模块

模块的连接比较简单,如图 4-6 所示,按住鼠标左键,从模块的出口箭头拖到另一个模块的入口,表示前一模块数据的输出成为后一模块的输入。

4.3.5 设置系统模型仿真参数

在仿真运行之前,需要对各个模块的参数进行设置。双击模块图标,在弹出的参数对话框中输入相应的参数,这些参数是由系统条件确定的。根据本例开始的设定,按图 4-7 进行定义。

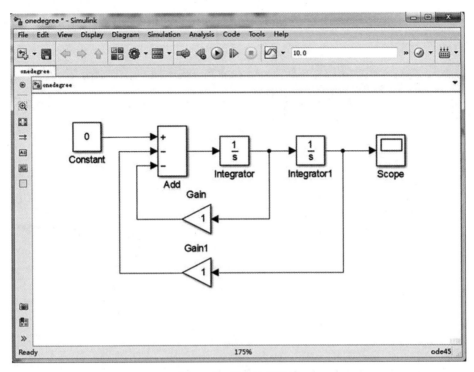

图 4 - 6　模块连接窗口

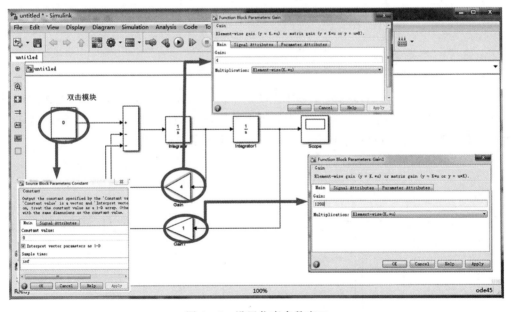

图 4 - 7　设置仿真参数窗口

4.3.6　运行仿真

系统运行之前,仿真系统要进行初始化设置。此初始条件根据已知条件来确定,比如,已知初始加速度为1,如图 4 - 8 所示,双击后,在初始值中输入1。然后点击分析按钮,开始分析仿真过程。

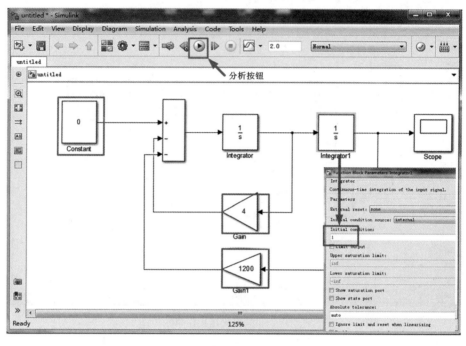

图 4 - 8　仿真初始参数窗口

4.3.7　查看结果

仿真分析的结果可以得到速度与加速度。本例中用监视器作为输出,监视器的位置不同,得到的输出也不相同。图 4 - 9 为添加了速度输出的仿真模型分析完成后,双击速度或位移的输出图标,可以得到图4 - 10或图 4 - 11所示的输出结果。

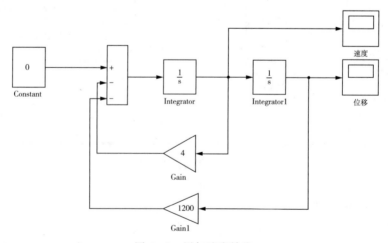

图 4 - 9　添加速度输出

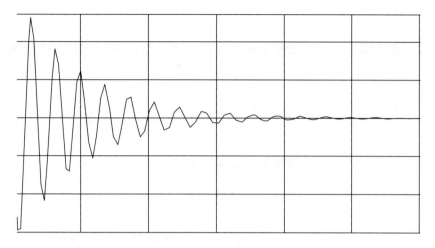

图 4 - 10　速度结果输出

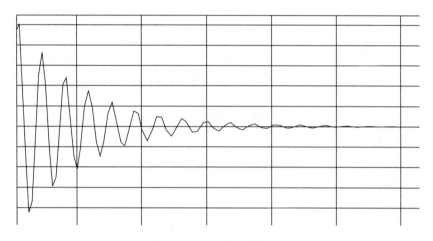

图 4 - 11　位移结果输出

4.4　单自由度系统振动的 ADAMS 建模与仿真

单自由度系统模型与图 4 - 2 相同,包含质量、弹性系数、阻尼、初始速度等,系统参数也与图 4 - 2 相同,$m=10\,\text{kg}$, $K=12000\,\text{N/m}$,$c=40(\text{N}\cdot\text{s})/\text{m}$, $x(t=0)=0$,起始速度 x 为 0。本节采用 ADAMS2015 作为仿真平台。

4.4.1　建模

(1)打开 ADAMS 软件,创建新的模型。由于 ADAMS 软件对模型文件位置及命名有一定的规则,因而推荐文件位置放在无中文字符文件夹下,文件名中间无空格符号,需要隔开的用英文下划线代替。本例中,文件位置设置为"G:\",文件名命名为"single_ degree_system_1",操作步骤如图 4 - 12 所示。

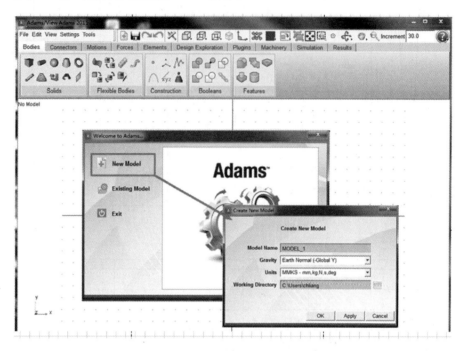

图 4 - 12   ADAMS 创建模型初始设置窗口

(2)创建质量块。质量块重 10 kg,因而要计算一下其各个长度尺寸。考虑到系统材料为钢,则根据其密度,计算后,创建模型尺寸为 1 cm×1.28 cm×1 cm(长×高×厚度)。鼠标在工作空间中选择一个位置,点击,即完成质量块创建,如图 4 - 13 所示。

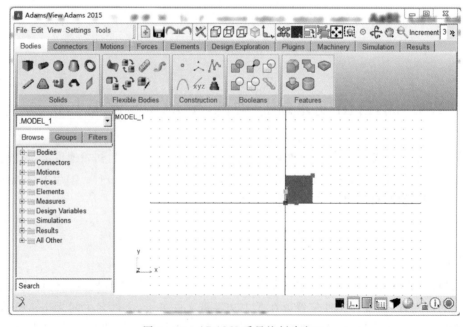

图 4 - 13   ADAMS 质量块创建窗口

　　(3)创建弹簧。为了方便创建弹簧,可以将质量块的中心位置移动到原点(如果不改质量块的质心,ADAMS 的吸附功能操作很容易将弹簧与质量块的连接点偏在一边线上)。方法是双击质量块的一个关键位置"Marker1",修改其坐标位置,使其位于原点,如图 4-14 所示。点击"Force"按键,选择弹簧图标,出现图 4-15 中的创建弹簧"Spring"

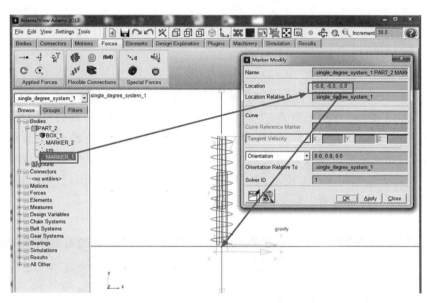

图 4-14　ADAMS 修改质量块位置及创建弹簧窗口

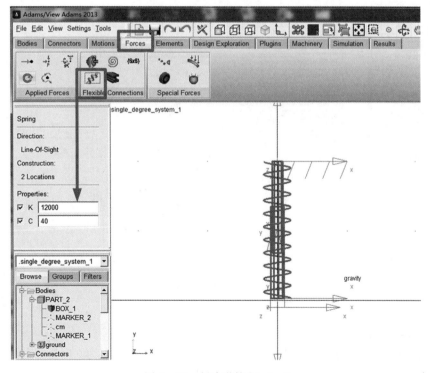

图 4-15　创建弹簧"Spring"

选项，勾选 K 与 C，输入 $K=12000$，$C=40$。鼠标在工作空间中，第一次选择质量块的质心位置，点击，然后与重力一致的方向选择一点，点击，完成弹簧创建。弹簧创建前要关注一下 ADAMS 的单位，一般情况下，系统默认的长度单位是 mm。

4.4.2　仿真参数设置

（1）初始速度与仿真设置

由 ADAMS 创建的模型称为虚拟样机。此类样机的初始条件在运行前不会起作用，比如重力，如图 4-15 所示的弹簧-质量系统并不处于平衡位置，弹簧仍是原长。虚拟样机的初始条件与实际初始条件不能有冲突，否则仿真过程中会出现错误，导致仿真失败。本案例中，初始条件可以设置为初始速度为 0，或初始力为 0，是一个无外力作用下的自由振动。操作方法如图 4-16 所示，在①处双击或右击，选择"Modify"，会出现②处的窗口，依照③④进行选择设置。

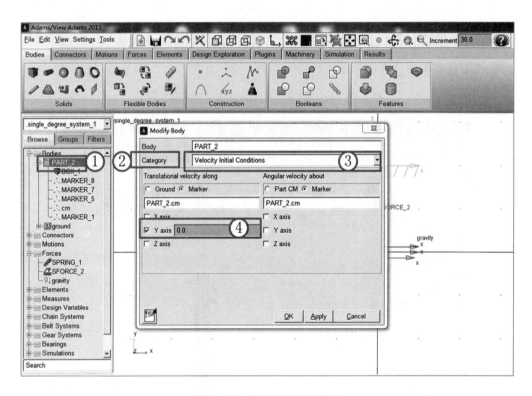

图 4-16　设置初始速度窗口

（2）设置系统外加力

如图 4-17 所示，添加一个外力，按下图中的设置选择，外力为 0 时，可以输入 0，第 4 步中的负号为力的方向，表示力的方向与正 Y 方向相反。

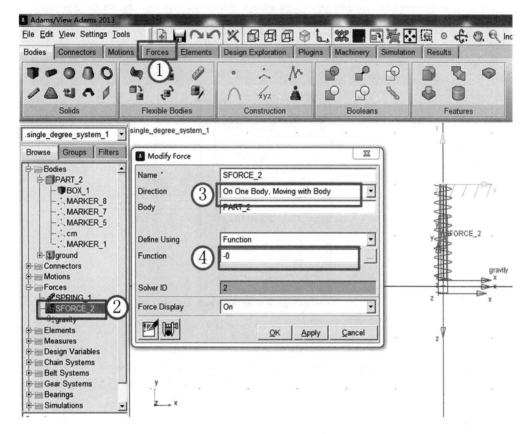

图 4 - 17 初始力的设置窗口

4.4.3 仿真

1. 仿真参数设置

点击图 4 - 18 的①处的"Simulation"按钮,根据需要设置仿真参数。③处是否勾选取决于仿真的实际情况。本例中,为无外力下的自由振动,从弹簧原长开始。点击 4 处的绿色按键,开始仿真计算。

2. 仿真结果

对仿真结果,ADAMS 的后处理功能很强大,具备强大的数据操作功能。如图 4 - 19 所示,点击菜单栏①处的"Results"按钮,然后点击②处的按钮,或点击仿真按钮①处的图标,均可以弹出图中的后处理结果窗口。点击③处的按钮,依次选择需要的目标结果。点击④处的按钮添加或清除工作窗口的曲线。

图 4 - 20 为质量块的自由振动仿真结果。在图 4 - 20(a)所示的振幅变化图中,质量块从初始弹簧无伸长位置,在重力作用下,到达平衡位置后,在惯性作用下,继续向下运动,到达极限位置后,开始振动,振动过程中,在阻尼作用下,振动幅度逐渐变小。同样,图 4 - 20(b)表示质量块速度的变化过程,其过程是振幅的导数。

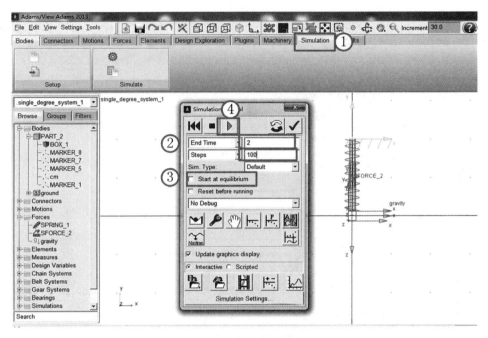

图 4 - 18　仿真操作窗口

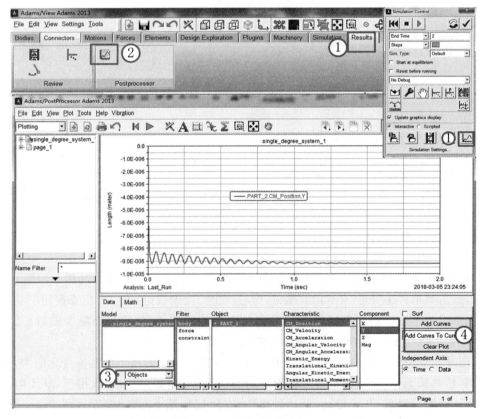

图 4 - 19　后处理结果窗口

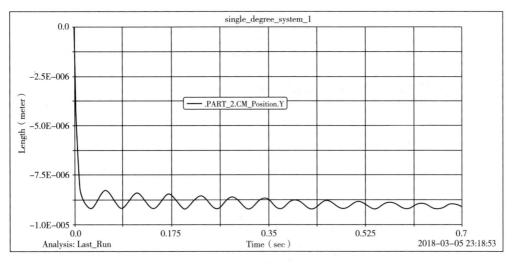

（a）质量块的振幅图

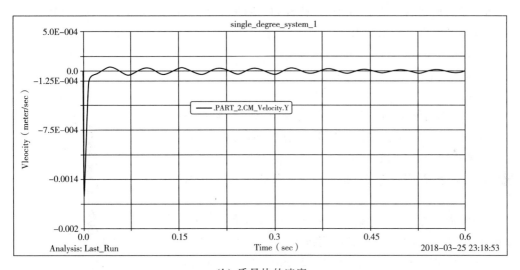

（b）质量块的速度

图 4 - 20　质量块自由振动仿真结果

4.5　单自由度系统的振动分析研究

对于振动系统,由于系统本身的物理性质,系统的振动呈现不同的状态。对于单自由度有阻尼自由振动来说,有:

$$m\ddot{x} + c\dot{x} + kx = 0 \qquad (4-12)$$

对式(4-12)进行整理,令

$$\omega^2 = \frac{k}{m}, \quad 2n = \frac{c}{m} \qquad (4-13)$$

得到：

$$\ddot{x} + 2n\dot{x} + \omega_n^2 x = 0 \qquad (4-14)$$

引入无量纲的值，称为相对阻尼系数，即：

$$\xi = \frac{n}{\omega_n} = \frac{\dfrac{c}{2m}}{\sqrt{\dfrac{k}{m}}} = \frac{c}{2\sqrt{mk}} \qquad (4-15)$$

（1）强阻尼状态。当 $\xi>1$ 时，称为强阻尼状态，此时的系统已不具有周期振动的特性，而是一种非周期性的蠕动，运动将缓慢地进行到停止。

（2）临界阻尼状态。当 $\xi=1$ 时，称为临界阻尼状态，此时系统的运动也不是周期性振动，而是一个逐渐回到平衡位置的非周期性运动。

（3）弱阻尼状态。当 $\xi<1$ 时，系统称为弱阻尼状态，此时系统以一定的频率作弱衰减运动，或者又称减幅阻尼状态。

4.5.1 有阻尼系统的自由振动仿真

下面分别对不同的振动系统进行分析，弹簧-质量系统如图 4-21 所示。通过改变弹簧的刚度与阻尼，变化系统的振动特性，分析系统的振动。

图中的各个物理参数如下设计，结果如图 4-22 所示。

（1）质量块质量：62.48 kg（尺寸为 20 cm×20 cm×20 cm，材料钢），$c=0.2$，$k=10$，图中实线。阻尼比 $\xi=0.004$。

（2）质量块质量：62.48 kg（尺寸为 20 cm×20 cm×20 cm，材料钢），$c=0.5$，$k=10$，图中短虚线。阻尼比 $\xi=0.1$。

（3）质量块质量：62.48 kg（尺寸为 20 cm×20 cm×20 cm，材料钢），$c=2.0$，$k=10$，图中长虚线。阻尼比 $\xi=0.04$。

图 4-21　弹簧-质量系统

（4）质量块质量：62.48 kg（尺寸为 20 cm×20 cm×20 cm，材料钢），$c=0.5$，$k=10$，图中点划线。阻尼比 $\xi=0.01$。

在图 4-23 中，各物理属性如下：

（1）质量块质量：62.48 kg（尺寸为 20 cm×20 cm×20 cm，材料钢），$c=20$，$k=50$，图中实红线。阻尼比 $\xi=0.178$。

（2）质量块质量：62.48 kg（尺寸为 20 cm×20 cm×20 cm，材料钢），$c=2$，$k=50$，图中点划线。阻尼比 $\xi=0.0178$。

（3）质量块质量：62.48 kg（尺寸为 20 cm×20 cm×20 cm，材料钢），$c=1$，$k=50$，图中红虚线。阻尼比 $\xi=0.0089$。

（4）质量块质量：62.48 kg（尺寸为 20 cm×20 cm×20 cm，材料钢），$c=50.09$，$k=10$，图中黑点线。阻尼比 $\xi=1$。

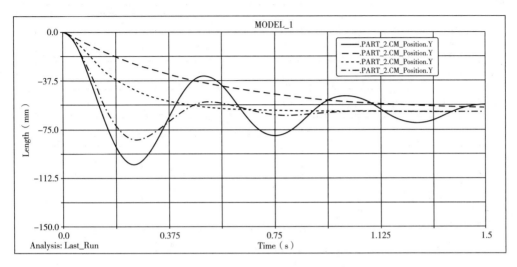

图 4-22　不同阻尼比下的振动曲线

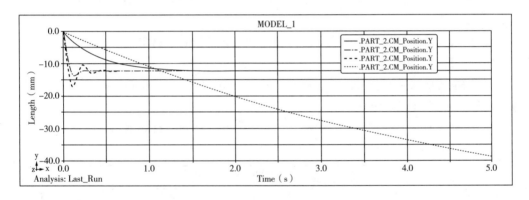

图 4-23　不同阻尼比下的振动曲线

通过仿真可以看出，在强阻尼与临界阻尼状态下，系统并不能有明显的振动特征，即使在弱阻尼状态下，只有当阻尼比足够小的状态下，系统才表现阻尼振动的特征。例如，$\xi<0.01$ 时，阻尼振动较明显。

4.5.2　有阻尼系统的强迫振动仿真

基本条件：质量块质量为 62.48 kg（尺寸 20 cm×20 cm×20 cm，材料钢），$c=2$，$k=50$，图中点划线。阻尼比 $\xi=0.0178$。

（1）$F=0$，如图 4-24 所示中实线。

（2）$F=100$ N，如图 4-24 所示中长虚线。

（3）$F=100×\sin(\text{time})$ 即正弦外力作用，如图 4-24 中短虚线。

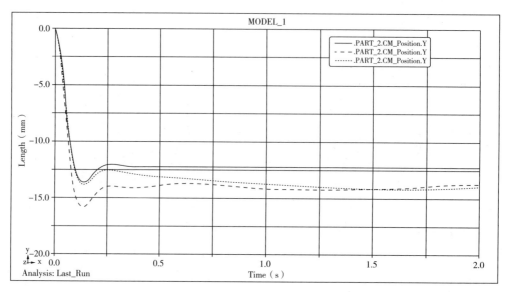

图 4 - 24　相同阻尼比下不同作用力驱动的振动曲线

图 4 - 25 中:

(1)质量块质量:62.48 kg(尺寸为 20 cm×20 cm×20 cm,材料钢),$c=2$,$k=50$,图中点划线。$F=0$。

(2)质量块质量:62.48 kg(尺寸为 20 cm×20 cm×20 cm,材料钢),$c=0.1$,$k=50$,图中红实线。$F=0$。

(3)质量块质量:62.48 kg(尺寸为 20 cm×20 cm×20 cm,材料钢),$c=2$,$k=50$,图中点线。$F=100×\sin(5×\text{time})$。

(4)质量块质量:62.48 kg(尺寸为 20 cm×20 cm×20 cm,材料钢),$c=2$,$k=50$,图中长虚线。$F=100×\sin(50×\text{time})$。

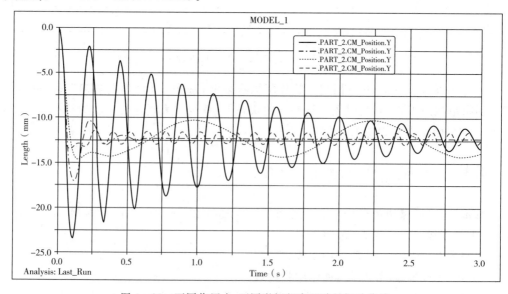

图 4 - 25　不同作用力-不同激振频率驱动的振动曲线

通过图 4 - 24 和图 4 - 25 中仿真可以知道,在受迫振动力的作用下,系统很快以激振力的节奏进行振动。激振的频率高的时候,系统的振幅要小于激振频率高的系统。

通过使用 ADAMS 仿真工具,读者可以快速地得到系统的特征,上面的例子中,仅列出了系统质心位置的曲线,ADAMS 可以得到更多的系统参数,如速度、加速度等。通过进一步的数学处理,还可以得到更多有价值的结果,有兴趣的读者可以在本例的基础上,进一步学习。

4.6　数学-物理仿真内涵的比较

通过两种软件对单自由度系统的仿真,读者可以发现,这两种仿真方法有着较大的区别。下面分别从软件分析理论、方法、过程及后处理等方面进行比较。

1. 第一类仿真方法:以数学为基础的仿真

以 MATLAB 为例,作为一种典型的数学分析软件,在进行系统仿真时,首先要对分析系统简化,写出系统的动力学方程,然后对动力学方程进行形式上的处理,写出适合 MATLAB 仿真的数学形式。因此,用 MATLAB 进行仿真时,要关注系统本身的特点,根据不同的系统得到不同的动力学方程,并列出相应的分析流程图,根据流程图创建 Simulink 仿真系统图。创建系统图过程中,分析人员不仅要考虑系统本身,还要考虑 MATLAB 软件的规则,设置系统的初始条件,仿真过程相对复杂。

MATLAB 后处理功能非常强大,提供了多种数据处理方法。MATLAB 可以应用于微积分、概率统计、复变函数、线性变换、解方程、最优化、插值及数据显示等方面,也应用于模糊逻辑、小波分析、神经网络、图像处理、模式识别等方面的求解。另外在数字信息处理、系统仿真、自动化、工程力学、信息与系统、模拟电路等方面都有广泛的应用。

2. 第二类仿真方法:虚拟样机仿真

虚拟样机技术的形成与多体系统动力学的研究密切相关。复杂的系统,其力学模型一般由多个物体利用不同的运动副相连接,称为多体系统。对于多体系统的研究,起源于古典刚体力学和分析力学,后来又产生了图论以及与计算机相结合的多体系统动力学。

虚拟样机技术由于其全新的设计理念和设计方法,具备下述特点:

(1)新的研发模式。传统的研发方法是一个串行过程,而虚拟样机技术真正地实现了系统角度的产品优化。它基于并行工程使产品在概念设计阶段就可以迅速地分析、比较多种设计方案,确定影响性能的敏感参数,并通过可视化技术设计产品、预测产品在真实工况下的特征以及所具有的响应,直至获得最优的工作性能。

(2)更低的研发成本、更短的研发周期、更高的产品质量。通过计算机技术建立产品的数字化模型,可以完成无数次物理样机无法进行的虚拟试验,从而无须制造及试验物理样机就可获得最优方案,因此不但减少了物理样机的数量,而且缩短了研发周期、提高了产品质量。

虚拟样机技术并不是一门独立的技术,而是 CAD 技术和 FEA 技术的融合,它的实现还需若干其他技术的支撑和辅助。

（1）CAD：几何形体的计算机辅助设计（Computer Aided Design）软件和技术。用于机械系统的几何建模或者用来展现机械系统的仿真分析结果。

（2）FEA：有限元分析（Finite Element Analysis）软件和技术。利用机械系统的运动学和动力学分析结果,确定进行机械系统 FEA 所需的外力和边界条件；利用 FEA 对构件应力、应变和强度进行进一步的分析计算。

（3）软件编程及结果的可视化技术：除了仿真软件自身的编程,虚拟样机允许用户接入二次开发技术或再开发。如软件编程技术来模拟各种力和动力,像电动力、液压气动力等；可以将试验结果经过线性化处理输入机械系统,成为机械系统模型的一个组成部分。或者进行机械系统流程开始或设计,联合多种系统分析软件进行机械系统和控制系统的联合分析。现代分析软件越来越重视结果的可视化,有的甚至允许接入第三方的编辑技术进行结果的可视化操作,例如结果的动画显示等。

（4）优化：优化分析软件和技术。运用虚拟样机分析技术进行机械系统的优化设计和分析,是一个非常重要的应用领域。通过优化分析,确定最佳设计结构和参数值,可以使机械系统获得最佳的综合性能。

【课后作业】

习题 4-1 根据下图所示的系统,弹簧刚度为 500 N/m,球的质量为 1 kg。球的初始速度为 1 m/s,试分别用 ADAMS 及 MATLAB Simulink 进行仿真,并对比分析结果。

习题 4-2 根据下图所示,质量块的质量为 2 kg,$x = 0.006$ m。如果在平衡位置时,给定一个向上的位移 4 mm,试分别用 ADAMS 及 MATLAB Simulink 进行仿真,并对比分析结果。

习题 4-1 图

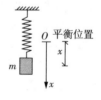

习题 4-2 图

习题 4-3 根据下图所示结构,一材料为 Q235 结构钢板,二简支点间距离为 0.8 m,宽为 0.1 m,厚度为 0.05 m,质量块质量为 20 kg。试对系统进行分析简化,然后用 ADAMS 及 MATLAB Simulink 进行仿真,并对比分析结果。

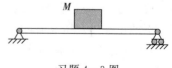

习题 4-3 图

习题 **4-4**　如下图所示，l 为刚性杆，球质量为 1 kg，系统阻尼为 $0.05\,\mathrm{N\cdot s^2/m^2}$. 试用 ADAMS 及 MATLAB Simulink 进行仿真，并对比分析结果。

习题 **4-5**　如下图所示弹簧-阻尼系统。弹簧刚度为 1200 N/m，球质量为 5 kg，系统阻尼为 $0.05\,\mathrm{N\cdot s^2/m^2}$。试用 ADAMS 及 MATLAB Simulink 进行仿真，并对比分析结果。

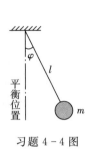

习题 4-4 图

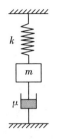

习题 4-5 图

第5章　二自由度系统仿真

　　二自由度系统是指需要有两个独立的坐标系统才能确定系统在任何时刻的几何位置的振动系统。几种常见的二自由度系统如图 5-1 所示。二自由度系统中的阻尼与单自由度系统中的阻尼作用相同。

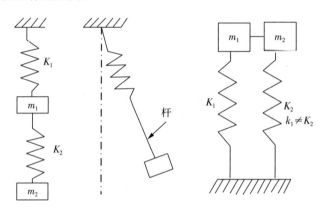

图 5-1　常见的二自由度系统

5.1　二自由度系统的振动

　　在实际工程中,真正的单自由度振动是很少的,而是根据需要将被研究对象简化成单自由度系统来研究。由于许多问题不能简化为单自由度系统,为满足工程精度上的需要,必须按多自由度系统来研究。

　　二自由度系统是最简单的多自由度振动系统,是分析多自由度系统的基础。二自由度振动系统的结构具有两个固有频率,当系统按其中某一固有频率作自由振动时,称之为主振动,主振动是简谐振动。当发生主振动时,描述振动的两个独立变量与振幅之间有确定的比例关系,即两个振幅比决定了整个系统的振动形态,称之为主振型。

　　任意初始条件下的自由振动一般是这两个不同频率的主振动的叠加,其叠加后的振动不一定是简谐振动。当外界激扰为简谐激扰时,系统对其响应是与激扰频率相同的简谐振动。当激扰频率接近系统的任意一固有频率时,就会发生共振。共振时的振型就是与固有频率相对应的主振型。

5.1.1　二自由度系统自由振动

以最简单的二自由度弹簧-质量系统为例,如图 5-2 所示,设两个弹簧的刚度分别为 k_1,k_2,质量为 m_1,m_2,各自沿正方向移动 x_1,x_2。

在振动过程中的任一瞬间 t,m_1 和 m_2 的位移分别为 x_1 及 x_2。此时,在质量块 m_1 上作用有弹性恢复力 k_1x_1 及 $k_2(x_2-x_1)$,在质量为 m_2 上作用有弹性恢复力 $k_2(x_2-x_1)$。这些力的作用方向如图 5-2 所示。

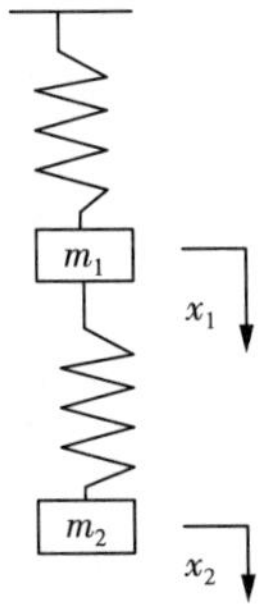

应用牛顿第二定律或达朗贝尔原理,均可建立该系统的振动微分方程式:

$$\begin{cases} m_1\ddot{x}_1 + k_1x_1 - k_2(x_2-x_1) = 0 \\ m_2\ddot{x}_2 + k_2(x_2-x_1) = 0 \end{cases} \qquad (5-1)$$

图 5-2　二自由度
弹簧-质量系统

令 $a = \dfrac{k_1+k_2}{m_1}$,$b = \dfrac{k_2}{m_1}$,$c = \dfrac{k_2}{m_2}$,则式(5-1)可改写成如下形式:

$$\begin{cases} \ddot{x}_1 + ax_1 - bx_2 = 0 \\ \ddot{x}_2 - cx_1 + cx_2 = 0 \end{cases} \qquad (5-2)$$

这是一个二阶常系数线性齐次微分方程组。在第一个方程中包含 $-bx_2$ 项,第二个方程中则包含 $-cx_1$ 项,称为"耦合项"。这表明,质量块 m_1 除受到弹簧 k_1 的恢复力的作用外,还受到弹簧 k_2 的恢复力的作用,而且 k_2 弹簧的变形是 m_1 和 m_2 之间的相对位移。质量块 m_2 虽然只受到一个弹簧 k_2 恢复力的作用,但这个恢复力又受到第一质点 m_1 位移的影响。我们把这种位移之间有耦合的情况称为弹性耦合。有时,在振动微分方程组中还会出现加速度之间有耦合的情况,则称之为惯性耦合。

式(5-2)写成矩阵形式:

$$M\ddot{a} + Kx = 0 \qquad (5-3)$$

其中:

$M = \begin{bmatrix} m_{11} & m_{12} \\ m_{21} & m_{22} \end{bmatrix} = \begin{bmatrix} m_{11} & 0 \\ 0 & m_{22} \end{bmatrix}$,为质量矩阵。

$K = \begin{bmatrix} k_{11} & k_{12} \\ k_{21} & k_{22} \end{bmatrix} = \begin{bmatrix} k_1+k_2 & -k_2 \\ -k_2 & k_2 \end{bmatrix}$,为刚度矩阵。

$\ddot{x} = \begin{bmatrix} \ddot{a}_1 \\ \ddot{a}_2 \end{bmatrix}$,为加速度矩阵;$x = \begin{bmatrix} x_1 \\ x_2 \end{bmatrix}$,为位移矩阵。

5.1.2　二自由度系统的受迫振动

与单自由度系统一样,两自由度系统在受到持续的激振力作用时就会产生受迫振动,而且在一定条件下,也会产生共振。

图 5-3 为二自由度无阻尼受迫振动系统。在质量块 m_1 上持续作用着一个简谐激振力 $P_x = P_0 \sin\omega t$,一般来说,受有简谐激振力作用的 $m_1 - k_1$ 质量弹簧系统称为主系统,不受激振力作用的 $m_2 - k_2$ 质量弹簧系统称为副系统。

这一振动系统的运动微分方程式为:

$$\begin{cases} m_1\ddot{x}_1 + k_1 x_1 - k_2(x_2 - x_1) = P_0\sin\omega t \\ m_2\ddot{x}_2 + k_2(x_2 - x_1) = 0 \end{cases} \quad (5-4)$$

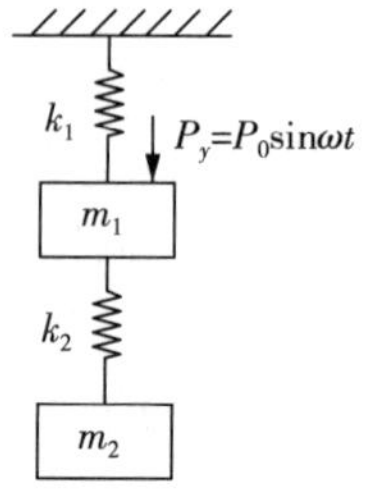

令 $a = \dfrac{k_1 + k_2}{m_1}, b = \dfrac{k_2}{m_1}, c = \dfrac{k_2}{m_2}, p = \dfrac{P_0}{m_1}$,则式(5-4)可改写成:

$$\begin{cases} \ddot{x}_1 + ax_1 - bx_2 = p\sin\bar{\omega} t \\ \ddot{x}_2 - cx_1 + cx_2 = 0 \end{cases} \quad (5-5)$$

图 5-3 二自由度
无阻尼受迫振动系统

这是一个二阶线性常系数非齐次微分方程组,其通解由两部分组成。一是对应于齐次方程组的解,即为上一节讨论过的自由振动。当系统存在阻尼时,这一自由振动经过一段时间后就逐渐衰减掉。二是对应于上述非齐次方程组的一个特解,它是由激振力引起的受迫振动,即系统的稳态振动。

我们只研究稳态振动,根据相关资料,上述微分方程组有简谐振动的特解:

$$\begin{cases} x_1 = B_1\sin\omega t \\ x_2 = B_2\sin\omega t \end{cases} \quad (5-6)$$

式中,B_1, B_2 是质量 m_1, m_2 的振幅,在方程中是待定系数。

5.2 二自由度系统 Simulink 系统仿真

5.2.1 采用模块流程进行仿真

根据公式(5-5),进行变形,可以得到下式:

$$\begin{cases} \ddot{x}_1 = -ax_1 + bx_2 + p\sin\bar{\omega} t \\ \ddot{x}_2 = cx_1 - cx_2 \end{cases} \quad (5-7)$$

根据式(5-7),可以确定 Simulink 模块的数量与类型。仿真的原理图如图 5-4 所示。

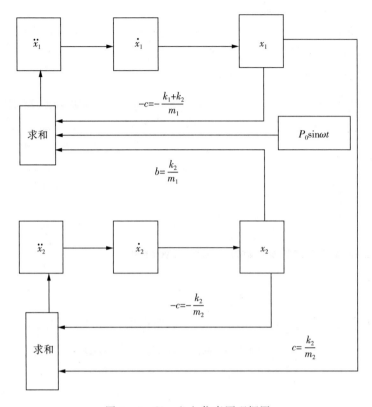

图 5-4　Simulink 仿真原理框图

1. **启动 Simulink**

单击 MATLAB 中"Command"窗口工具条上的"Simulink"图标,启动软件。

2. **打开 Simulink 空白模型窗口**

在 MATLAB 主界面中选择 File:New＞Model 菜单项;再单击模块库浏览器的"新建"图标;最后选中模块库浏览器的 File:New＞Model,或者直接在 MATLAB 命令栏中输入 Simulink,在跳出的模块库中选择新建仿真项目,然后选择 File＞New＞Model。创建的仿真项目模型窗口如图 5-5 所示。

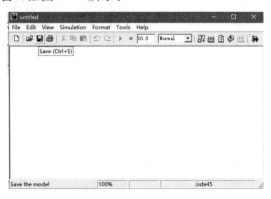

图 5-5　仿真项目窗口

3. 建立 Simulink 仿真模型

(1)右键单击模块库窗口界面(Simulink Library Browser)右边子模块库的"Sinks"窗口,出现"Open the Sinks Library"菜单条,如图 5-6(a)所示。单击该菜单条,弹出该子库的标准模块窗口,如图 5-6(b)所示。

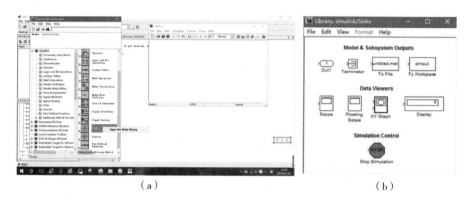

(a)　　　　　　　　　　　　　　　　(b)

图 5-6　仿真流程窗口

拖动该子库的标准模块窗口中的"Scope"至空白模型窗口中,如图 5-7 所示。

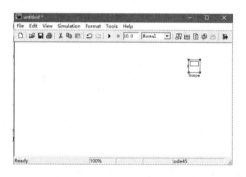

图 5-7　流程模块窗口

(2)右键单击模块库窗口界面右边子模块库的"Continous"窗口,出现"Open the Sinks Library"菜单条。单击该菜单条,弹出该子库的标准模块窗口,如图 5-8 所示。

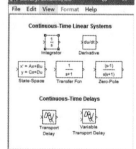

图 5-8　标准库窗口

拖动该子库的标准模块窗口中的"Integrator"至空白模型窗口中,如图 5-9 所示。

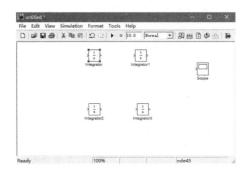

图 5-9   模型窗口

(3)右键单击模块库窗口界面右边子模块库的"Math Operations"窗口,出现"Open the Sinks Library"菜单条,如图 5-10 所示。单击该菜单条,弹出该子库的标准模块窗口,如图 5-11 所示。

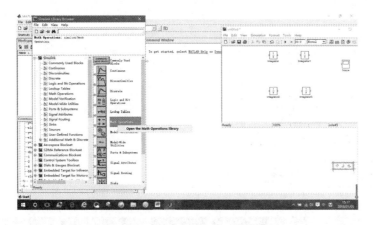

图 5-10   Math Operation 模块窗口

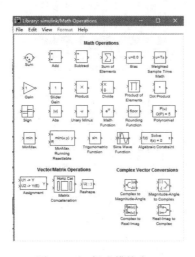

图 5-11   标准模块窗口

拖动该子库的标准模块窗口中的"Sum""Gain"至空白模型窗口中,如图 5-12 所示。

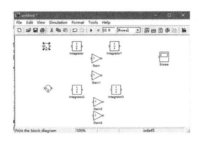

图 5-12 创建 Sum 与 Gain 模块

(4) 右键单击模块库窗口界面右边子模块库的"Sources"窗口,出现"Open the Sinks Library"菜单条,如图 5-13 所示。单击该菜单条,弹出该子库的标准模块窗口,如图 5-14 所示。

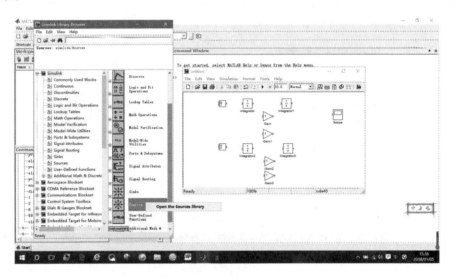

图 5-13 Sources 窗口

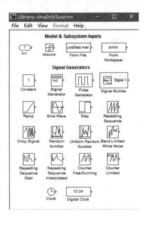

图 5-14 标准的模块窗口

拖动该子库标准模块窗口中的"Constant"至空白模型窗口中,如图 5-15 所示。

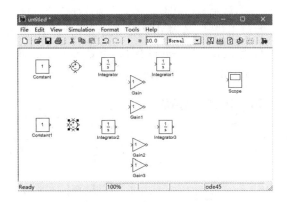

图 5-15　项目模块创建完成窗口

4. 模块参数设置

(1)设置两个 Sum 模块:双击模块将对话框参数"Icon shape"选择"retangular",参数"List of signs"为"++-",单击"OK"按钮,如图 5-16 所示。

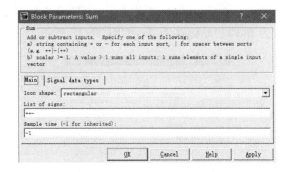

图 5-16　Sum 模块设计窗口

(2)设置 Constant 与 Constant1 模块:双击模块将对话框参数"Constant value"设为0,单击"OK"按钮,如图 5-17 所示。

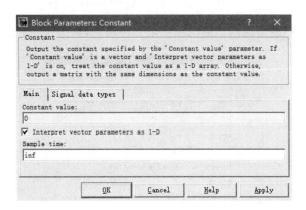

图 5-17　常数模块设置窗口

（3）设置 Gain 与 Gain1、Gain2、Gain3 模块：双击模块对话框将参数 Gain 设置为 1125（即在 $m=16,k_1=8000,k_2=12000$ 时，$-(k_1+k_2)/m=-1125$），单击"OK"按钮，如图 5-18 所示。随后右键单击模块，在弹出的菜单中单击"Format Flip Block"。

用同样的方法设置 Gain1、Gain2、Gain3 模块，参数 Gain1 为 625（$k_2/m=625$），Gain2 为 625（$-k_2/m=-625$），Gain3 为 500（$k_1/m=625$）。

图 5-18　Gain 模块设置窗口

（4）设置 Integrator 与 Integrator1、Integrator2、Integrator3：双击模块，在 Integrator、Integrator2 模块的参数对话框中，将参数"Initial condition"设置为 1（即初始速度为 1），单击"OK"按钮。在 Integrator1、Integrator3 模块的参数对话框中，将参数"Initial condition"设置为 0（即初始位移为 0），如图 5-19 所示。

图 5-19　积分模块设置窗口

（5）连接模块。根据前面的思路流程图来连接模块，如图 5-20 所示。

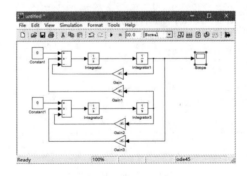

图 5-20　模块连接窗口

（6）对模块系统参数进行设置。选择"Simulation Configuration Parameters"命令，在弹出的"Configuration Parameters"对话框中将"Start time"仿真开始时间取默认值 0，"Stop time"仿真结束时间取默认值 1，"Type"是否固定步长取默认值，"Max step size"和"Min step size"变步长最大值和最小值分别设置为 0.08 和 0.01，其他均取默认值，如图 5 - 21 所示。

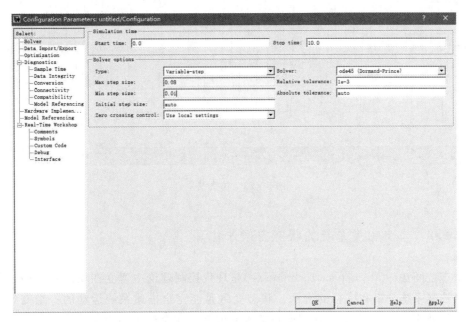

图 5 - 21　初始化设置窗口

（7）运行仿真。选择"Simulation"→"Start"，如图 5 - 22 所示。

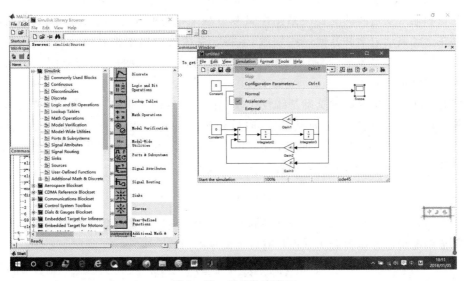

图 5 - 22　运行仿真窗口

（8）查看运行结果。双击"Scope"模块，弹出位移-时间曲线，仿真结果如图 5 - 23 所示。

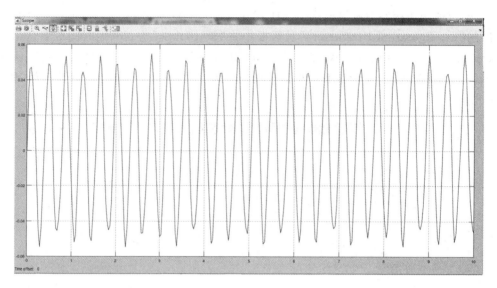

图 5 - 23　仿真结果

5.2.2　二自由度系统的状态空间法仿真

状态空间法（state - space techniques）是现代控制理论中建立在状态变量描述基础上的对控制系统分析和综合的方法。状态变量是能完全描述系统运动的一组变量。如果系统的外输入已知，那么由这组变量的现时值就能完全确定系统在未来各时刻的运动状态。通过状态变量描述能建立系统内部状态变量与外部输入变量和输出变量之间的关系。反映状态变量与输入变量间因果关系的数学描述被称为状态方程，而输出变量与状态变量和输入变量间的变换关系则由量测方程来描述。状态与状态变量描述的概念早就存在于经典动力学和其他一些领域，但将它系统地应用于控制系统的研究，则是从1960 年 R. E. 卡尔曼发表《控制系统的一般理论》的论文开始的。状态空间法的引入促成了现代控制理论的建立。

状态空间法的主要数学基础是线性代数。在状态空间法中，广泛用向量来表示系统的各种变量组，其中包括状态向量、输入向量和输出向量。变量的个数规定为相应向量的维数。用 x 表示系统的状态向量，用 u 和 y 分别表示系统的输入向量和输出向量，则系统的状态方程和量测方程可表示为如下的一般形式：

$$x' = f(x,u,t), \quad y = g(x,u,t) \tag{5 - 8}$$

式中，$f(x,u,t)$ 和 $g(x,u,t)$ 为自变量 x、u、t 的非线性向量函数，t 为时间变量。对于线性定常系统状态方程和量测方程具有较为简单的形式：

$$x' = Ax + Bu, \quad y = Cx + Du \tag{5 - 9}$$

式中 A 为系统矩阵，B 为输入矩阵，C 为输出矩阵，D 为直接传递矩阵，它们是由系统的结构和参数所定出的常数矩阵。在状态空间法中，控制系统的分析问题常归结为求解系统的状态方程和研究状态方程解的性质。这种分析是在状态空间中进行的。所谓状态空间就是以状态变量为坐标轴所构成的一个多维空间。状态向量随时间的变化在状态空间中形成一条轨迹。对于线性定常系统,状态轨迹主要由系统的特征值决定。系统的特征值规定为系统矩阵 A 的特征方程的根,其特征可由它在复数平面上的分布来表征。当运用状态空间法来综合控制系统时,问题就变为选择一个合适的输入向量,使得状态轨迹满足指定的性能要求。

状态空间法有很多优点。由于采用矩阵表示,当状态变量、输入变量或输出变量的数目增加时,并不增加系统描述的复杂性。状态空间法是时间域方法,所以很适合于用电子计算机来计算。状态空间法能揭示系统内部变量和外部变量间的关系,因而有可能找出过去未被认识的系统的许多重要特性,其中能控性和能观测性具有特别重要的意义。研究表明,从系统的结构角度来看,状态变量描述比经典控制理论中广为应用的输入输出描述(如传递函数)更为全面。

1. 系统理论模型描述

用状态空间方程进行二自由度系统仿真。

考虑 N 阶自由度系统:

$$M\ddot{X}(t) + C\dot{X} + Kx(t) = F(t) \tag{5-10}$$

其中:$X(t) = [x_1(t), x_2(t), x_3(t), \cdots, x_n(t)]^T \in \mathbf{R}^{n \times 1}$;$M \in \mathbf{R}^{n \times n}$ 为质量矩阵;$C \in \mathbf{R}^{n \times n}$ 为阻尼矩阵;$K \in \mathbf{R}^{n \times n}$ 为刚度矩阵;$F(t) \in \mathbf{R}^{n \times n}$ 为外部输入矩阵列。令 $Y(t) = \begin{bmatrix} X(t) \\ \dot{X}(t) \end{bmatrix} \in \mathbf{R}^{2n \times 1}$,为 $2n$ 维系统状态列向量。

以 $X(t)$ 与 $\dot{X}(t)$ 构成的空间即为状态空间。对 $Y(t)$ 进行求导,则有:

$$\dot{Y} = \begin{bmatrix} \dot{X}(t) \\ \ddot{X}(t) \end{bmatrix} = \begin{bmatrix} 0 & 1 \\ -m^{-1}k & -m^{-1}c \end{bmatrix} = \begin{bmatrix} X(t) \\ \dot{X}(t) \end{bmatrix} + \begin{bmatrix} 0 \\ m^{-1} \end{bmatrix} F(t) \tag{5-11}$$

那么系统的状态方程写成:

$$\dot{Y}(t) = AY(t) + BF(t) \tag{5-12}$$

其中:

$A = \begin{bmatrix} O_{n \times n} & I_{n \times n} \\ -M^{-1}K & -M^{-1}C \end{bmatrix}$,称为系统矩阵;$B = \begin{bmatrix} O_{n \times n} \\ M^{-1} \end{bmatrix} \in \mathbf{R}^{2n \times n}$,称为输入矩阵。

2. 仿真模型描述

考虑二自由度系统模型如图 5-24 所示。

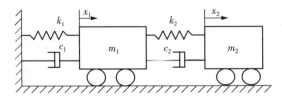

图 5-24　二自由度系统模型

此系统的初始条件(单位为国标单位)：$m_1 = 0.5, m_2 = 1, k_1 = 1, k_2 = 2, c_1 = 0.05, c_2 = 0.05$。

3. 仿真初始条件计算

根据上述的基本论述,相关的变量如下：

$$\boldsymbol{X}(t) = \begin{bmatrix} x_1(t) \\ x_2(t) \end{bmatrix} \tag{5-13}$$

$$\boldsymbol{M} = \begin{bmatrix} m_1 \\ m_2 \end{bmatrix} \tag{5-14}$$

$$\boldsymbol{K} = \begin{bmatrix} k_1 + k_2 & -k_2 \\ -k_2 & k_2 \end{bmatrix} \tag{5-15}$$

$$\boldsymbol{C} = \begin{bmatrix} c_1 + c_2 & -c_2 \\ -c_2 & c_2 \end{bmatrix} \tag{5-16}$$

代入相关的数值,进行数学处理,可以得到：

$$\boldsymbol{X}(t) = \begin{bmatrix} x_1(t) \\ x_2(t) \end{bmatrix} = \begin{bmatrix} 0.2 \\ 0 \end{bmatrix} \tag{5-17}$$

$$\dot{\boldsymbol{X}}(t) = \begin{bmatrix} \dot{x}_1(t) \\ \dot{x}_2(t) \end{bmatrix} = \begin{bmatrix} 0 \\ 0 \end{bmatrix} \tag{5-18}$$

写成状态矩阵方程：

$$\boldsymbol{Y}(\dot{t}) = \boldsymbol{A}\boldsymbol{Y}(t), \boldsymbol{Y}(t) = \begin{bmatrix} \boldsymbol{X}(t) \\ \dot{\boldsymbol{x}}(t) \end{bmatrix}, \boldsymbol{A} = \begin{bmatrix} \boldsymbol{0}_{2\times2} & \boldsymbol{I}_{2\times2} \\ -\boldsymbol{M}^{-1}\boldsymbol{K} & -\boldsymbol{M}^{-1C} \end{bmatrix} \tag{5-19}$$

则初始条件为：

$$\boldsymbol{Y}(t) = \begin{bmatrix} \boldsymbol{X}(t) \\ \dot{\boldsymbol{x}}(t) \end{bmatrix} = \begin{bmatrix} 0.2 \\ 0 \\ 0 \\ 0 \end{bmatrix}, \boldsymbol{A} = \begin{bmatrix} 0 & 0 & 1 & 0 \\ 0 & 0 & 0 & 1 \\ -6 & 4 & -0.2 & 0.1 \\ 2 & -2 & 0.05 & -0.05 \end{bmatrix} \tag{5-20}$$

4. 创建状态空间法模型

上述工作未完成后,在 MATLAB 中创建状态空间仿真模块,如图 5-25 所示。

5. 变量赋值

在运行仿真之前,需要输入各个矩阵的值。对

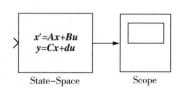

图 5-25 状态空间仿真模块

A,B,C,D 进行赋值时,可以有两种方法:

(1)直接在命令窗口中输入。

(2)将上面的 A,B,C,D 写成 m 文件,然后一次完成。

将写入空间的 A,B,C,D 赋值给 State-Space 中的 A,B,C,D 的方法:

(1)双击"State-Space",在出现的对话框中,将 A,B,C,D 的初始值写成 A,B,C,D。

(2)采用 m 文件形式的方法,给"State-Space"赋值:先将 A,B,C,D 矩阵写成一个 txt 文件,如图 5 - 26 所示,然后直接将后缀改成". m",保存。

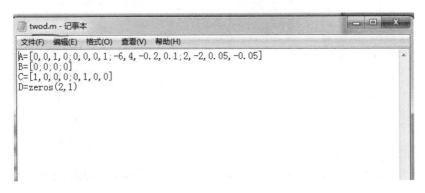

图 5 - 26　m 文件创建方法

数值的初始化方式,首先双击"State-Space"框,弹出图 5 - 27 所示的初始化矩阵窗口。

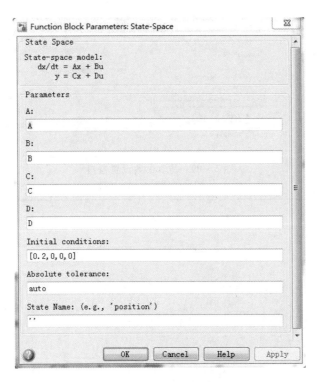

图 5 - 27　初始化矩阵窗口

按图 5 - 27 所示填写各个参数。要注意 Iinitial Conditions 值是外面输入,其值可以变化的。

6. 仿真结果参数调整

为了把仿真结果图画得更光滑,点击设置,在下拉选择框中选择"Model Configuration Parameters",弹出如图 5 - 28 所示窗口。

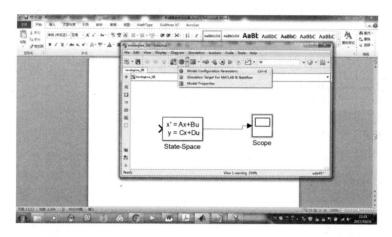

图 5 - 28　仿真图设置窗口

然后弹出图 5 - 29 所示的窗口,选择"Solver",修改"Relative Torlerance"值,数值可以设置得小一点,仿真结果如图 5 - 30 所示。

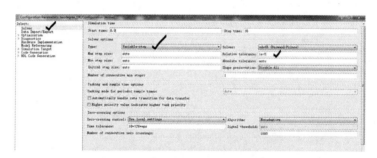

图 5 - 29　仿真参数设置窗口

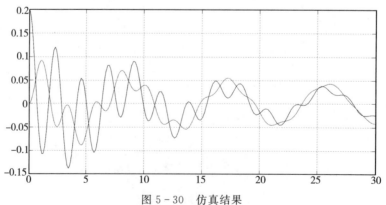

图 5 - 30　仿真结果

7. 结果的分析

根据输出矩阵,计算完成的两条曲线分别对应下面式子中的变量:

$$Y(t) = \begin{bmatrix} X(t) \\ \dot{x}(t) \end{bmatrix} = \begin{bmatrix} 0.2 \\ 0 \\ 0 \\ 0 \end{bmatrix} \tag{5-21}$$

明显,$X(t)$ 对应的初始值为 0.2,$\dot{x}(t)$ 对应的初始值为 0。在曲线中要以在 0 时间点处可以找到相应的曲线。很明显,二阶系统相互作用,其速度与加速度特征比一阶系统更加复杂。

5.3　凸轮机构系统的 ADAMS 仿真

凸轮机构是机械装备中常见的机械结构。理论上,凸轮机构只需要两个构件就可以实现运动。在工程实践中,凸轮机构发展出多种具体的形式,如果按主动件或从动件的分类方法可以分成以下几类结构。

1. 按从动件分类

(1)尖顶从动件凸轮机构。其从动件的端部呈尖点,特点是能与任何形状的凸轮轮廓上各点相接触,因而理论上可实现任意预期的运动规律。尖顶从动件凸轮机构是研究其他类型从动件凸轮机构的基础。但由于从动件尖顶易磨损,故只能用于轻载低速的场合。

(2)滚子从动件凸轮机构。其从动件的端部装有滚子,由于从动件与凸轮之间可形成滚动摩擦,所以磨损显著减少,能承受较大载荷,应用较广。但端部重量较大,又不易润滑,故仍不宜用于高速。

(3)平底从动件凸轮机构。其从动件端部为一平底。若不计摩擦,凸轮对从动件的作用力始终垂直于平底,传力性能良好,且凸轮与平底接触面间易形成润滑油膜,摩擦磨损小、效率高,故可用于高速,缺点是不能用于凸轮轮廓有内凹的情况。

2. 按主动件分类

(1)盘形凸轮。其凸轮都是绕固定轴线转动且有变化向径的盘形构件。盘形凸轮机构简单,应用广泛,但限于凸轮径向尺寸不能变化太大,故从动件的行程较短。

(2)移动凸轮。其凸轮是具有曲线轮廓、作往复直线移动的构件,它可看成是转动轴线位于无穷远处的盘形凸轮。

(3)圆柱凸轮。其凸轮是圆柱面上开有凹槽的圆柱体,可看成是绕卷在圆柱体上的移动凸轮,利用它可使从动件得到较大的行程。

本节以物理模型样机如图 5-31 所示。凸轮机构的工作原理:如图 5-31 所示,当凸轮 1 绕 A 点回转时,其轮廓将迫使滚子带动推杆 2 在竖直方向做上下往复运动,从而将

主动件 1 的旋转运动转化为从动件 2 的直线往复运动。本例中,凸轮基本尺寸的确定:
凸轮基本尺寸如图 5 - 31 中 1,其中凸轮和滚子的厚度均为 25 mm,推杆和销厚度为
50 mm。

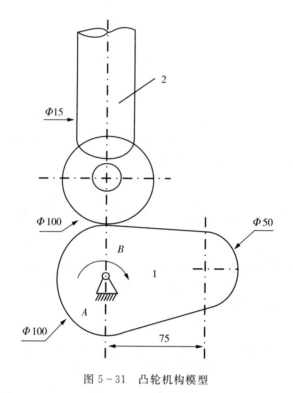

图 5 - 31　凸轮机构模型

5.3.1　建模方法概述

本节将建立图 5 - 31 的仿真模型。建模的方法有两种:一是可以直接在 ADAMS 软件中创建,二是在其他的 3D 软件中创建完成后导入。本例用 Solidworks 创建完成,完成后的模型如图 5 - 32 所示。

完成建模后,将文件保存。保存文件位置不能有中文字符,零件的名称也不能有中文字符,保存格式为"parasolid (＊.x_t)"或其他的 ADAMS 软件认可的文件格式。

导入模型的基本步骤如下:

(1)启动"MSC. ADAMS/View",系统提示建立一个新的数据文件界面,关闭这个选项。

(2)选择"File",点击"Import",在弹出的菜单选项里选择上面保存的文件形式,在"File to Read"选项的空格处右击,在下拉菜单中点击浏览,找到上面创建的文件,选择后点击打开。

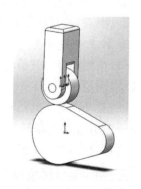

图 5 - 32　SW 模型

（3）在"Model Name"空格中为需要创建的文件起个名字，一般 ADAMS 会自动为创建的模型创建默认的名字，在空白栏位置右击鼠标，在弹出的下拉选项中选择执行命令。

（4）选择"Apply"命令，导入模型完成，如图 5 - 33 所示。

（5）ADAMS 会自动为模型命名，如果需要更改名称，命名规则需要符合 ADAMS 规则，名称中不能有中文字符。

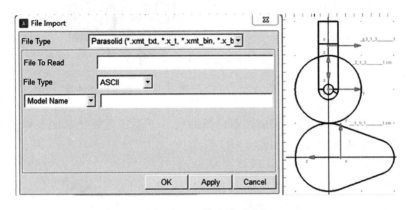

图 5 - 33　导入模型窗口

5.3.2　凸轮机构仿真

1. 设置系统仿真环境

（1）在"Setting"菜单中选择"Working Grid"，弹出工作栅格设置对话框。

（2）将"Size"尺寸设置为 X 为 750 mm，Y 为 500 mm，Spacing 为 10 mm，如图 5 - 34所示。

（3）点击"OK"，完成设置。

2. 修改模型

修改模型时需要注意到以下问题：

（1）由于 Solidworks 和 ADAMS 在模型转化中，建模方式的不兼容问题，模型边线在 Solidworks 中是连续的，在ADAMS 中相接的边线为两条相连的线，后续操作时，在ADAMS 中无法创建完整的接触。

（2）在修改模型时可以采取的方法是用样条曲线来重新构造凸轮的轮廓，但要注意的是各曲线间存在一定的顺序性，创建时，要按其实际顺序选择。第二种方法是采用布尔操作合并相关几何要素。

3. 修改模型的步骤

（1）在凸轮上创建几何样条曲线。依次在菜单栏点击"Bodies"→"Construction"→"Spline". 第一行空白栏中选取"Add to Part"，"Create by picking"栏选择"Edge"，"Points"

图 5 - 34　工作环境窗口

栏设置成 50 个点,如图 5-35 所示。

(2)依次点击凸轮,选择凸轮边线,第一条样条曲线就添加完成了,如图 5-36 所示。

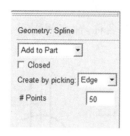

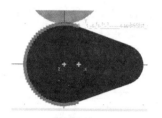

图 5-35 创建轮廓曲线　　　　图 5-36 添加样条曲线

(3)同样的方法,依次创建,完成四条样条曲线。下面还需要把这四条样条曲线合并成一条完整的样条曲线,完成后如图 5-37 所示。

(4)将上述建立的四条样条曲线点坐标导出:选择要导出的曲线,右击,在下拉菜单中选择"Modify"选项,弹出样条曲线修改对话框,如图 5-38 左图所示,点击图中"Location"后面的展开按钮(即三个点图标),弹出图中右图,选择下方"Write"按钮,将位置坐标保存为 txt 格式文件。

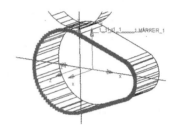

图 5-37 创建样条曲线

(5)同样方法将其他三条曲线坐标点写出,然后组合成一个新的文件,包括描述凸轮轮廓所有点的坐标(注:坐标点中含有四个重复点,此四个点是四段线的首尾点,只需要删除各一个重复点即可,并注意添加坐标的顺序)。

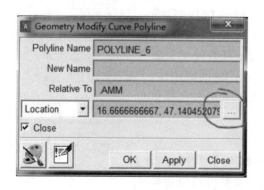

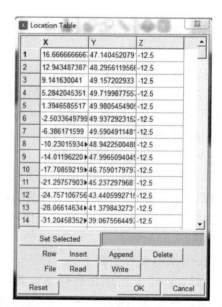

图 5-38 样条曲线修改窗口

（6）用上步骤中的坐标点替换样条曲线进而生成符合模型要求的曲线。在 ADAMS 中,用样条曲线创建任一个封闭的曲线,用与步骤（4）中方法修改样条曲线的坐标,然后用上述步骤（5）中的 txt 数据代替本步中创建样条曲线数据。操作前,需要将原先创建的凸轮实体删去。

（7）用导入的数据点拉伸、创建新的凸轮实体。完成后的模型如图 5－39 所示。

（8）添加结构件之间的约束。根据模型仿真及物理模型,本仿真案例需要添加三个铰链、一个移动副、一个滚轮曲线对凸轮曲线的接触。完成约束副的结果如图 5-40 中所示。凸轮机构的运动驱动为主运动,需要加在凸轮的旋转副上。

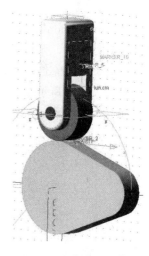

图 5－39　完成后的模型

4. 凸轮机构运动仿真

（1）添加 Montion

凸轮机构的旋转运动为整个机构的主运动,因此,仿真的运动驱动为凸轮的旋转。本例要在 joint1 中添加运动驱动 Montion,如图 5－41 所示。

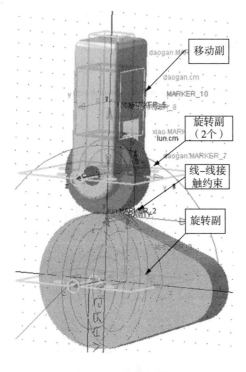

图 5－40　运动副设置

图 5－41　运动驱动设置窗口

（2）仿真参数设置

点击"Simulation"，弹出仿真对话框。将"End Time"设置为 5.0 s，"Steps"设置为 1000 步，如图 5-42 所示，点击运行按钮即绿色三角形按钮进行仿真。

（3）仿真结果后处理

在如图 5-43 所示中点击右下方标识的方框中图标，打开后处理模块。打开后处理模块如图 5-43 所示。

图 5-42　仿真参数设置窗口　　　图 5-43　仿真空间及打开后处理窗口

如图 5-44 所示，获得分析结果的基本操作的过程如下：模型→结果对象→结果选项→对象→仿真结果→分量→添加到图中，ADAMS 会把结果以曲线形式显示到图解结果空间。

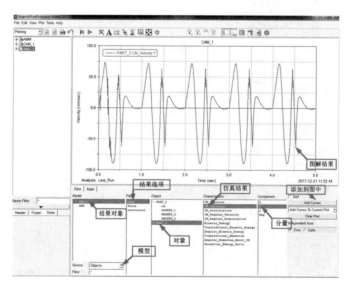

图 5-44　后处理模块及结果操作流程

采用同样的操作方式,可以得到其他的仿真结果。分别如图 5-45～图 5-48 所示。

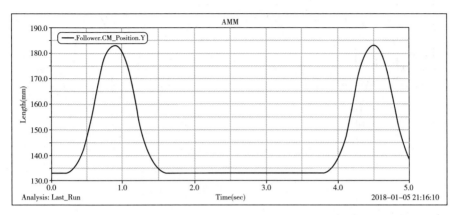

图 5-45　从动杆位置仿真结果

滚子(roller)在三个坐标轴方向上的运动速度如图 5-46 所示。

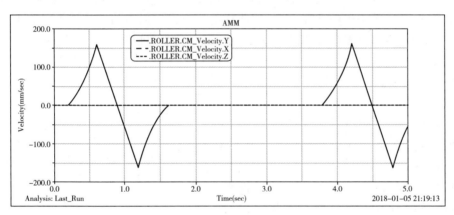

图 5-46　滚子速度仿真结果

推杆在 Y 轴方向上的加速度如图 5-47 所示。

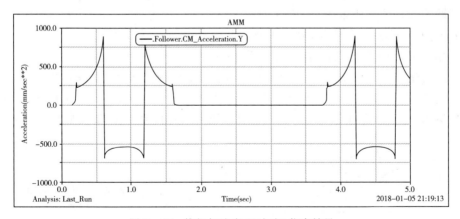

图 5-47　推杆加速度(Y 方向)仿真结果

Joint1 在 Z 轴方向所受到的剪切力如图 5-48 所示。

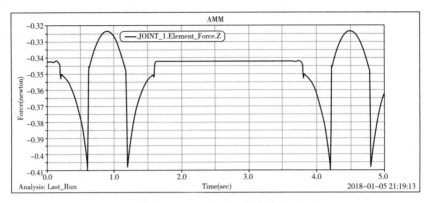

图 5-48　铰链 1 上的力仿真结果

（4）对仿真中力的理解

本节模型中的力包含了所有物理力,不包含实际机械结构中相互连接的间隙碰撞引起的作用力。例如图 5-48 中的铰链力,铰在相互旋转过程中圆周面的接触是连续的,不会产生分离,是一种理想的处理方式,所计算出的力是作用力的平均结果。关于真实机构中力的仿真,本书有专门章节进行分析,感兴趣的读者可以参考。

【课后作业】

习题 5-1　如图所示起重机小车,其质量 $m_1 = 2220$ kg,在质心 A 处用绳悬挂一重物 B,其质量 $m_2 = 2040$ kg。绳长 $l = 14$ m,左侧弹簧是缓冲器,刚度系数 $k = 852.6$ kN/m。设绳和弹簧质量均忽略不计,当车连同重物 B 以匀速 $v_0 = 1$ m/s 碰上缓冲器后,试仿真求小车和重物的此运动过程。

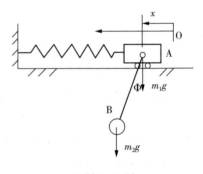

习题 5-1 图

习题 5-2　两个质量块 m_1 和 m_2 用一弹簧 k 相连,m_1 的上端用绳子拴住,放在一个与水平面成 α 角的光滑斜面上,如下图所示。若 $t = 0$ 时突然割断绳子,两质量块将沿斜面下滑。试仿真 2 秒内的运动与力学过程。

习题 5-3　如图所示,已知 $m_2 = 2 \times m_1 = 10$ kg,$k_3 = 2k_1 = 2k_2 = 200000$ N·m,如果给质量块 m_1 一个初始速度 0.1 m/s,试仿真系统的固有频率、主振型以及响应。

习题 5-2 图　　　　　　　　　　习题 5-3 图

习题 5 - 4　一辆汽车重 17640 N,拉着一个重 15092 N 的拖车。若挂钩的弹簧常数为 171500 N/m。如果突然给车一个 x_1 方向的加速度 1 m/s²,试仿真此过程。

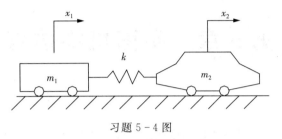

习题 5 - 4 图

习题 5 - 5　自行定义下图中的系统参数,如果给质量块 m_2 一个瞬间力,试仿真其过程。

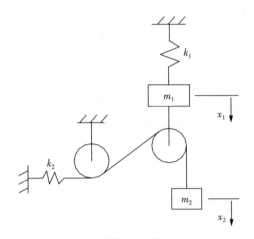

习题 5 - 5 图

习题 5 - 6　如下图所示的行车,梁的弯曲截面矩 $I_1 = 10^5$ cm⁴,$E = 210$ GN/m²,$L = 45$ m。小车 m_2 重 11760 N,另挂一重物 m_1,其重量为 49000 N,钢丝绳弹簧常数 $k = 343000$ N/m,如果给重物 m_1 一个向下的瞬间初始速度 0.2 m/s,试分析仿真系统的动力学特点。

习题 5 - 7　一卡车简化成 $m_1 - k - m_2$ 系统,如下图所示。停放在地上时受到后面以等速 5 m/s 驰来的另一辆车(质量 1.5 吨)的撞击。设撞击后,车辆可视为不动,卡车车轮的质量忽略不计,地面视为光滑,试求撞击后卡车的响应,设 $K = 8 \times 10^4$ N/m。

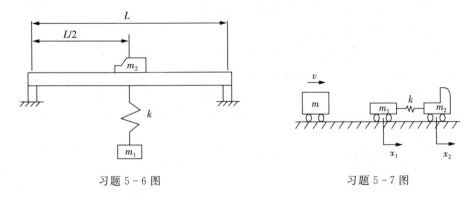

习题 5 - 6 图　　　　　　　　习题 5 - 7 图

第6章　平面机构仿真

　　机构是把一个或几个构件的运动变换成其他构件所需的具有确定运动的构件系统。机构的基本功用是变换运动形式,例如:将回转运动转换为往复直线运动,将匀速转动转换为非匀速转动或间歇性运动等。常见的机构有平面连杆机构、曲柄滑块机构、凸轮机构、间歇性运动机构、螺旋机构等。

　　机构中用以支持运动构件的构件称为机架,用作研究运动的参考坐标系。驱动机构的外力所作用的、具有独立运动的构件称为原动件。用于不同机器中的同一机构,其原动件可能不同。例如,在往复式空气压缩机中的曲轴活塞机构的原动件为曲轴,但在内燃机中其原动件却为活塞。机构中除机架和主动件之外被迫做强制运动的构件称为从动件。描述或确定机构的运动所必需的独立参变量(坐标数)称为机构自由度。为使机构的构件间获得确定的相对运动,必须使机构的自由度数大于零,并使原动件数等于机构自由度数。

6.1　平面矢量方程

　　闭环矢量方程用来进行运动学分析,可以简洁地写出各个机构间连接约束的一种非常简洁而明了的表达式。

6.1.1　平面矢量

　　矢量用来确定机构上某一点的位置,这个点不是随意的一个点,而是机构上重要且必要的点,如质心。一个矢量,表达了任意空间两点间的有向距离。为了进行机构分析,机构中的每个杆都可以表示为一个位移矢量,矢量的起点是杆的一个端点,而另一端点就是矢量的终点,矢量的大小就是连杆的长度。平面矢量如图 6-1 所示。在一个坐标系统中,如果一个杆件的起点位于坐标原点,把此原点作为平面矢量的起点,杆的终点作为平面矢量的终点,起点与终点的直线长度作为矢量的长度,方向作为矢量的方向。

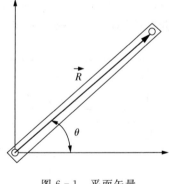

图 6-1　平面矢量

6.1.2　闭环矢量方程

生活中有大量的四连杆机构的应用。以图 6-2 四连杆机构为例,图中 1,2,3,5 构成了一个四杆机构。本节将以四连杆机构为例来讨论如何将它写成闭环矢量方程及矩阵形式。这个例子中机体 1 为固定杆,并依次编号为 1,2,3,5。习惯上,大地或者安装部分作为机架,编号编为 1。

第一步确定坐标系的位置,本例将左边杆 2 与机身 1 的接点选为坐标原点 O。闭环的矢量方程可以有多种形式,本质是一样的,但是要找一种与分析目的最合适的推导与分析形式。在本例中,将图 6-2 的机构进行简化,画出四连杆机构,改画成图 6-3 所示的矢量结构。

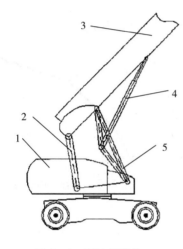

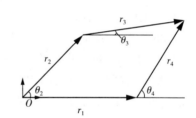

图 6-2　四连杆机构　　　　　图 6-3　四连杆机构的矢量结构

将上述矢量形式进行分解到坐标系上,见式(6-1):

$$\begin{cases} r_2\cos\theta_2 + r_3\cos\theta_3 = r_1\cos\theta_1 + r_4\cos\theta_4 \\ r_2\sin\theta_2 + r_3\sin\theta_3 = r_1\sin\theta_1 + r_4\sin\theta_4 \end{cases} \tag{6-1}$$

由于坐标系的选择,所以 θ_1 恒为 0。对其求时间的导数,如式(6-2):

$$\begin{cases} -\omega_2 r_2\sin\theta_2 - \omega_3 r_3\sin\theta_3 = -\omega_4 r_4\sin\theta_4 \\ \omega_2 r_2\cos\theta_2 + \omega_3 r_3\cos\theta_3 = \omega_4 r_4\cos\theta_4 \end{cases} \tag{6-2}$$

在实际中,如果杆 2 是匀速的,则式(6-2)可以整理为:

$$\begin{cases} -\omega_3 r_3\sin\theta_3 + \omega_4 r_4\sin\theta_4 = \omega_2 r_2\sin\theta_2 \\ \omega_3 r_3\cos\theta_3 - \omega_4 r_4\cos\theta_4 = -\omega_2 r_2\cos\theta_2 \end{cases} \tag{6-3}$$

整理式(6-3),式(6-3)可以写成矩阵形式:

$$\begin{bmatrix} -r_3\sin\theta_2 & r_4\sin\theta_4 \\ r_3\cos\theta_3 & -r_4\cos\theta_4 \end{bmatrix}\begin{bmatrix} \omega_3 \\ \omega_4 \end{bmatrix} = \begin{bmatrix} -\omega_2 r_2\sin\theta_2 \\ -\omega_2 r_2\cos\theta_2 \end{bmatrix} \tag{6-4}$$

如果需要求解加速度等,则要进行二阶导数求解。对式(6-4)进行求导,容易得到:

$$\begin{bmatrix} -r_3\sin\theta_2 & r_4\sin\theta_4 \\ -r_3\cos\theta_3 & -r_4\cos\theta_4 \end{bmatrix}\begin{bmatrix} \alpha_3 \\ \alpha_4 \end{bmatrix} = \begin{bmatrix} \alpha_2 r_2\sin\theta_2 + \omega_2^2 r_2\cos\theta_2 + \omega_3^2 r_3\cos\theta_3 - \omega_4^2 r_4\cos\theta_4 \\ -\alpha_2 r_2\cos\theta_2 + \omega_2^2 r_2\sin\theta_2 + \omega_3^2 r_3\sin\theta_3 - \omega_4^2 r_4\sin\theta_4 \end{bmatrix}$$

$$\tag{6-5}$$

通过上述的分析,使用相关的软件工具,可以很方便地研究机构的运动及动力学特性。本章将分别以 MATLAB 及 ADAMS 两种方法对二连杆机构进行仿真研究。

6.2　二杆机构 MATLAB 仿真

本节将以二杆机构为例,介绍基本的仿真过程。平面二连杆机械臂是一种简单的二自由度机械装置,具有一定的复杂动力特性。通过建立数学模型,分析机械臂相关运动与动力学方程,在 MATLAB 软件的 Simulink 中建立程序框图,进行仿真,了解其运动特性以及其动力学特征。一般的二杆机构机械手模型如图 6-4 所示。

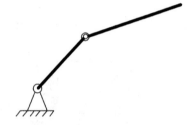

图 6-4　二杆机构机械手模型

6.2.1　模型简介

根据闭环矢量方程的概念,将此机械手抽象而成的闭环结构如图 6-5 所示。对该模型进行分析,设有以下参数:杆 1 的长度为 r_1,杆 2 的长度为 r_2,θ_1 为机械手杆 1 相对全局度坐标系的转角,θ_2 为杆 2 相对于杆 1 的相对转角,如果杆 2 相对杆 1 逆时针转动时 θ_2 为正,相反则 θ_2 为负。r_{p1} 为虚拟向量 $\overrightarrow{R_{p1}}$ 的长度。

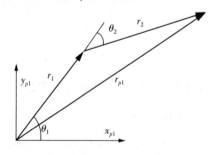

图 6-5　机械手闭环结构

6.2.2　运动学方程的建立

以第一铰链点为坐标原点,则其手部点的矢量方程为:

$$\vec{\boldsymbol{R}}_{p_1} = \vec{\boldsymbol{R}}_1 + \vec{\boldsymbol{R}}_2 \tag{6-6}$$

需要注意的是下面所给的角度值,都是相对于前一连杆的方位值,而不是相对于整体坐标系 X 轴的,这种习惯在机器人分析中很普遍,其源于安装在机械臂的传感器所测得的是连杆的相对转角,而不是绝对转角。

对应的标量方程为:

$$\begin{cases} x_{p_1} = r_1\cos\theta_1 + r_2\cos(\theta_1 + \theta_2) \\ y_{p_1} = r_1\sin\theta_1 + r_2\sin(\theta_1 + \theta_2) \end{cases} \tag{6-7}$$

对式(6-7)进行求导得:

$$\begin{cases} \dot{x}_{p_1} = -r_1\omega_1\sin\theta_1 - r_2(\omega_1 + \omega_2)\sin(\theta_1 + \theta_2) \\ \dot{y}_{p_1} = r_1\omega_1\cos\theta_1 + r_2(\omega_1 + \omega_2)\cos(\theta_1 + \theta_2) \end{cases} \tag{6-8}$$

转换为矩阵形式为:

$$\begin{bmatrix} \dot{x}_{p_1} \\ \dot{y}_{p_1} \end{bmatrix} = \begin{bmatrix} -r_1 S_1 - r_2 S_{12} & -r_2 S_{12} \\ r_1 C_1 + r_3 C_{12} & r_2 C_{12} \end{bmatrix} \begin{bmatrix} \omega_1 \\ \omega_2 \end{bmatrix} \tag{6-9}$$

其中 $C_{12} = \cos(\theta_1 + \theta_2)$, $S_{12} = \sin(\theta_1 + \theta_2)$,根据公式(6-9),可以创建一个基于 Simulink 的仿真模块。

6.2.3　运动学仿真

二杆机械手的 MATLAB 仿真系统一般采用两种仿真方法。

1. 采用基本 Simulink 模块进行仿真

对于式(6-8)来说,可以直接采用 MATLAB 的基本模块进行仿真。这种方法的好处是建模容易,思路较为简单,可以直接采用 Simulink 中各个模块进行加减乘除。缺点是仿真系统中基本模块较多,整个模型图较乱,不够一目了然。图 6-6 为式(6-8)中 y 方向速度的模块图, x 方向的速度仿真图与此类似。仿真图中将两个杆的转速设置为常数,如果这个杆是其他形式的驱动,则图 6-6 中的系统将更复杂。

图 6-6 的建模思路如下:

(1)常数模块。分析式(6-8),有 $r_1, r_2, \omega_1, \omega_2$,图 6-6 中分别用 r_1, r_2, w_1, w_2 代表,创建常数模块 constant。

(2)积分模块。 θ_1, θ_2 这两个变量是 ω_1, ω_2 对时间积分的结果,图中以 w1 inter 与 w2 inter 代替。

(3)加模块。分析式(6-8),共有三个加模块,即图 6-6 中 add、add1、add2 模块。

(4)乘模块。分析式(6-8),共有两个乘模块,均为三项相乘,即图 6-6 中 Product 与 Product1。

(5)函数模块。式(6-8)中有两个余弦函数,即图 6-6 中的 Cosine 与 Cosine1。

连接这些模块,主要是根据式(6-8)中加减乘等关系。具体的连接流程如图 6-6 所示。

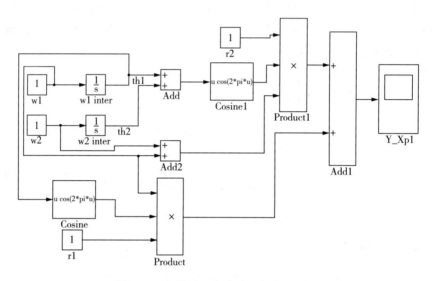

图 6-6　机械手 y 方向速度仿真系统图

2. 采用 MATLAB Function 模块进行仿真

为了简化仿真系统图,MATLAB 提供了一种计算模块,把大量的计算过程纳入一个模块当中。根据公式(6-9),可以创建一个基于 Simulink 的 MATLAB Function 模块,用于对系统的运动学计算。根据式(6-9),可以先写一个基于 MATLAB 的 m 文件,用于计算式(6-9)。完成的 m 文件如下:

```
robot. m
function out = robot(u)
% u(1) = w1
% u(2) = s1
% u(3) = w2
% u(4) = s2
r1 = 12
r2 = 15
s1 = sin(u(2));s12 = sin(u(2) + u(4));
c1 = cos(u(2));c12 = cos(u(2) + u(4));
a1 = [r1 * s1 - r2s12, - r2 * s12;r1 * c1 + r2c12,r2 * c2]
w = [w1;w2]
x = a1 * w
```

仿真模块的流程可以按式(6-8)进行分析。基本思路如下：

(1)考虑采用 MATLAB Function 模块,将 m 文件嵌入到流程中,那么根据式(6-8),模块的输入变量为 r_1,r_2,ω_1,θ_1,θ_2,ω_2。

输出变量如式(6-8)左侧两个变量,为所求变量。其思路图如图 6-7 所示。

(2)变量定义。根据图 6-7 所示,变量类型分为三类：

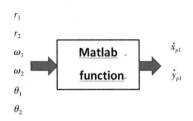

① 物理变量,如 r_1,r_2。这类变量特点是模型的物理尺寸,在仿真过程中不变,可以在 MATLAB 环境中定义,也可以在 m 文件中定义,如果需要,也可以到 Simulink 中定义。

图 6-7　二杆机械手仿真思路图

② 需要定义的变量,如 ω_1,ω_2。这类变量需要输入的变量或者是需要控制的变量。

③ 由其他变量导出的变量,如 θ_1,θ_2。这两个变量是 ω_1,ω_2 积分的结果。

(3)基本流程设计。首先引入变量模块、积分模块,对常量模块只需要在 m 文件中进行计算就可以了。不需要再引入一个常量模块。核心的 MATLAB Function 模块需要数据流桥接模块,如图 6-8 所示,左侧数据输入模块及右侧数据输出模块示意图。

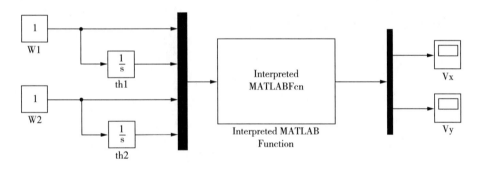

图 6-8　数据流桥接模块

这种方式的 Simulink 模块使得仿真图变得更简单,但 MATLAB Function 需要写较为复杂的计算程序,在以上的两种方法中,读者可以选择合适的方法。

6.2.4　动力学方程

如果需涉及力的分析,则可以对式(6-8)进行求导,得到加速度方程：

$$\begin{cases} \ddot{x}_{p1}+(r_1S_1+r_2S_{12})\alpha_1+r_2S_{12}\alpha_1=-[(r_1C_1+r_2C_{12})\omega_1^2+r_2C_{12}\omega_2^2+2r_2\omega_1\omega_2C_{12}] \\ \ddot{y}_{p1}+(r_1C_1+r_2C_{12})\alpha_1-r_2C_{12}\alpha_2=-[(r_1S_1+r_2S_{12})\omega_1^2+r_2S_{12}\omega_2^2+2r_2\omega_1\omega_2S_{12}] \end{cases}$$

$$(6-10)$$

同样的方法,对两个机构杆质心的加速度分析可以得到如下的结果：

$$\begin{cases} \alpha_{c1,x} + r_{c1}S_1\alpha_1 = -r_{c1}C1\omega_1^2 \\[3mm] \alpha_{c1,y} + r_{c1}C_1\alpha_1 = -r_{c1}S1\omega_1^2 \end{cases} \tag{6-11}$$

$$\begin{cases} \alpha_{c2,x} + (r_1S_1 + r_{c2}S_{12})\alpha_1 + r_{c2}S_{12}\alpha_2 = -[(r_1C_1 + r_{c2}C_{12})\omega_1^2 + r_{c2}C_{12}\omega_2^2 + 2r_{c2}\omega_1\omega_2 C_{12}] \\[3mm] \alpha_{c2,y} + (r_1C_1 + r_{c2}C_{12})\alpha_1 - r_{c2}C_{12}\alpha_2 = -[(r_1S_1 + r_{c2}S_{12})\omega_1^2 + r_{c2}S_{12}\omega_2^2 + 2r_{c2}\omega_1\omega_2 S_{12}] \end{cases}$$

$$\tag{6-12}$$

此时需要对物理模型进行进一步的力学分析。可以采用物理学中一般采用的隔离法,分别对两个连杆和负载分别进行受力分析。这里不再分析,只列出仿真模型图,具体过程列入本书的附件 1 中,有兴趣的读者可以进一步参考。

6.2.5 建立约束矩阵和 Simulink 程序框图

将所有的力学分析结果写成矩阵形式,可得:

$$\begin{bmatrix}
r_1S_1+r_2S_{12} & r_2S_{12} & 0 & 0 & 0 & 0 & 1 & 0 & 0 & 0 & 0 & 0 & 0 & 0 \\
-r_1C_1-r_2C_{12} & -r_2C_{12} & 0 & 0 & 0 & 0 & 0 & 1 & 0 & 0 & 0 & 0 & 0 & 0 \\
r_{c1}S_1 & 0 & 1 & 0 & 0 & 0 & 0 & 0 & 0 & 0 & 0 & 0 & 0 & 0 \\
-r_{c1}C_1 & 0 & 0 & 1 & 0 & 0 & 0 & 0 & 0 & 0 & 0 & 0 & 0 & 0 \\
r_1S_1+r_2S_{12} & r_{c2}S_{12} & 0 & 0 & 1 & 0 & 0 & 0 & 0 & 0 & 0 & 0 & 0 & 0 \\
-r_1C_1-r_2C_{12} & -r_lC_{12} & 0 & 0 & 0 & 1 & 0 & 0 & 0 & 0 & 0 & 0 & 0 & 0 \\
0 & 0 & -m_1 & 0 & 0 & 0 & 0 & 0 & 1 & 0 & 1 & 0 & 0 & 0 \\
0 & 0 & 0 & -m_1 & 0 & 0 & 0 & 0 & 0 & 1 & 0 & 1 & 0 & 0 \\
I_1 & 0 & 0 & 0 & 0 & 0 & 0 & 0 & 0 & 0 & r_1S_1 & -r_1C_1 & 0 & 0 \\
0 & 0 & 0 & 0 & -m_2 & 0 & 0 & 0 & 0 & 0 & -1 & 0 & 1 & 0 \\
0 & 0 & 0 & 0 & 0 & -m_2 & 0 & 0 & 0 & 0 & 0 & -1 & 0 & 1 \\
0 & I_2 & 0 & 0 & 0 & 0 & 0 & 0 & 0 & 0 & r_{c2}S_{12} & -r_{c2}C_{12} & (r_2-r_{c2})S_{12} & -(r_2-r_{c2})C_{12} \\
0 & 0 & 0 & 0 & 0 & 0 & m_{p1} & 0 & 0 & 0 & 0 & 0 & 1 & 0 \\
0 & 0 & 0 & 0 & 0 & 0 & 0 & m_{p1} & 0 & 0 & 0 & 0 & 0 & 1
\end{bmatrix}$$

$$
\begin{bmatrix} \alpha_1 \\ \alpha_2 \\ A_{c1x} \\ A_{c1y} \\ A_{c2x} \\ A_{c2y} \\ A_{p1x} \\ A_{p1y} \\ F_{01x} \\ F_{01y} \\ F_{21x} \\ F_{21y} \\ F_{32x} \\ F_{32y} \end{bmatrix} = \begin{bmatrix} -\left[(r_1 C_1 + r_2 C_{12})\omega_1^2 + r_2 C_{12}\omega_2^2 + 2r_2\omega_1\omega_2 C_{12}\right] \\ -\left[(r_1 S_1 + r_2 S_{12})\omega_1^2 + r_2 S_{12}\omega_2^2 + 2r_2\omega_1\omega_2 S_{12}\right] \\ -r_{c1} C_1 \omega_1^2 \\ -r_{c1} S_1 \omega_1^2 \\ -\left[(r_1 C_1 + r_{c2} C_{12})\omega_1^2 + r_{c2} C_{12}\omega_2^2 + 2r_{c2}\omega_1\omega_2 C_{12}\right] \\ -\left[(r_1 S_1 + r_{c2} S_{12})\omega_1^2 + r_{c2} S_{12}\omega_2^2 + 2r_{c2}\omega_1\omega_2 S_{12}\right] \\ 0 \\ m_1 g \\ \tau_1 - \tau_2 - m_1 g r_{c1} C_1 \\ 0 \\ m_2 g \\ \tau_2 \\ 0 \\ -m_{p1} g \end{bmatrix} \qquad (6-13)
$$

　　根据方程建立 Simulink 框图,并进行编程仿真。Simulink 有多种结构形式,如果将所有的结构按公式(6-13)进行创建,那么 Simulink 框图将变得十分复杂,因此这里采用更方便的 MATLAB Function 模块,把计算综合成一个模块。因此,在本例中,将复杂的计算编写为一个名为 robot(u)的 m 文件,只需要把这个文件镶嵌到 MATLAB Function 中,即完成相应的计算,仿真流程也会变得清晰而简单。

　　由于编写的 m 文件过长,本书将其列入书后的附件 2 中,供进一步学习的读者参考。要注意的是,m 文件内容一般是纯文本格式,因而上述公式中的下标无法形成,直接写成上标。

　　具体的仿真流程图如图 6-9 所示。

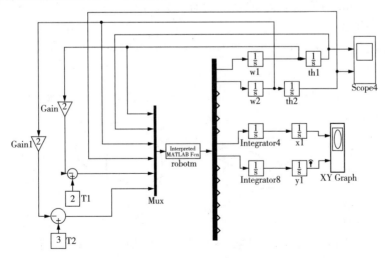

图 6-9　Simulink 仿真流程图

MATLAB Fcn 函数设置如下：双击 MATLAB Function 函数图标，在 Parameters 下面的 MATLAB function 栏中将 robot(u)写入（见图 6-10），定义输出的参数维数与变量相等，本例中是 14 个方程，对应 14 个变量。同时，将上面编写好的 m 文件放入 MATLAB 程序的可执行位置，一般直接放入 MATLAB 启动文件夹下。如果 m 文件放置不对，MATLAB 不能被找到，仿真不会成功。本步骤的操作基于 MATLAB 2015，新的版本可能有一些区别，读者使用新的版本时，方法可能有所不同。

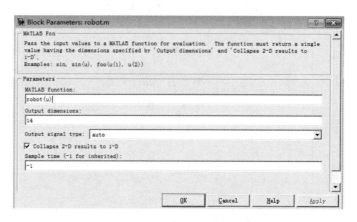

图 6-10　Simulink 中 Fcn 函数的设置

6.2.6　仿真结果

① 当系统输入转矩 $T_1=0$，$T_2=0$，且处于如图 6-11 所示位置，其 $\theta_1=0$，$\theta_2=\pi/2$，由重力作用及轴承等摩擦黏滞阻尼而产生的速度损失系数为 2。

图 6-11　二连杆在 $\theta_1=0$，$\theta_2=\pi/2$ 时的位置

在 Simulink 中的输出显示器有两个，第一个显示器显示 θ_1、θ_2 的变化和负载 mp_1 的 x、y 坐标，第二个显示负载的 y 坐标。

输入初始条件 $T_1=0$，$T_2=0$，$\theta_1=0$，$\theta_2=\pi/2$，$x=0.7$，$y=0.4$，可得到如图 6-12 所示的机械手末端结果。

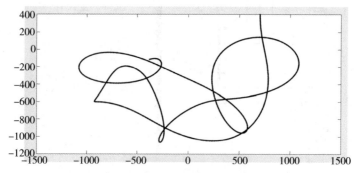

图 6-12　Simulink 机械手末端仿真结果

② 当系统输入转矩 $T_1=0$，$T_2=0$，且处于如图 6 - 13 所示的位置，其中 $\theta_1=0$，$\theta_2=0$。

图 6 - 13　二连杆在 $\theta_1=0$，$\theta_2=0$ 时的位置

当输入初始条件 $T_1=0$，$T_2=0$，$\theta_1=0$，$\theta_2=0$，$x=0.7$，$y=0.4$，可得到如图 6 - 14 所示的机械手末端结果。

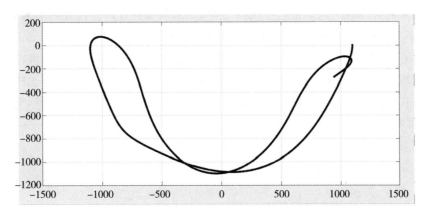

图 6 - 14　Simulink 机械手末端仿真结果

6.2.7　结果说明

图 6 - 12 和图 6 - 14 对上述的仿真分析只有一部分的结果。如果分析者想要得到什么的变量结果，可以在图 6 - 9 的仿真流程图中相应的变量输出端加一个 scope 模块。各个变量的输出顺序可以根据式(6 - 13)中的变量顺序在图 6 - 12 和图 6 - 14 中显示。变量过多，有时会出现混乱，导致读者无法分清各个变量与输出的对应关系，因而设计流程时，应当在积分模块及流程线上注明变量名，这样的标注更容易读懂。

6.3　二杆机构 ADAMS 仿真

具有两个动臂的机械手机构在机械原理学科中被归类为三杆机构，用 ADAMS 仿真时，本书中称之为二杆机构。ADAMS 软件中的 ground(大地)作为一个杆，是软件中默认存在的，当创建一个仿真案例时，系统会自动创建，并定义为 ground(即 part1)，其他的实体从 2 开始编号。重力的系统是指向大地的，一般设定为 $-y$ 方向。

6.3.1　二杆机构的运动学分析

本节在 ADAMS 中用连杆模拟机械臂，对两自由度的机械臂进行运动学分析。下面是建立模型并对模型进行设置分析的详细过程。

（1）启动 ADAMS/View。

（2）选择新建模型，取名为"two_links"，单位设置为 kg、m、N、S、Degree，单击"OK"。这里强调长度单位设定为 m，是为了在系统仿真过程中各个参数输入的标准化，避免了单位转换的麻烦。

（3）为了显示坐标位置，可以选择打开坐标系窗口。按"F4"键，或者单击菜单"View"→"Coordinate Window"后，坐标系窗口出现在工作栏。当鼠标在图形区移动时，在坐标窗口中显示当前鼠标所在位置的坐标值。

（4）创建动臂（连杆）。单击连杆按钮"✎"，如果需要创建固定尺寸的动臂，则需要勾选连杆的长、宽、深选项，然后设置尺寸。例如设置为 300 mm、40 mm、10 mm，如图 6-15 所示。在图形区某一位置单击鼠标左键，确定动臂一的起始位置，然后将连杆拖至水平位置时，再单击鼠标左键，完成固定长度连杆的创建。如果不需要确定连杆的某个部分长度，则在图 6-15 中不要勾选其前的框。用同样的方法创建第二个动臂，只是起点要与第一个臂相连。

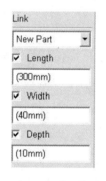

图 6-15　创建连杆设置　　　　　图 6-16　二杆机构模型

（5）添加约束。

① 在连杆 1 的左端与大地之间添加转动副。

② 在连杆 1 与连杆 2 结合处添加转动副。

③ 单击工具栏中的旋转副按钮，并将创建旋转副的选项设置为"2Bod-1Loc"和"Normal to Grid"，然后在图形区单击连杆 1 和大地，之后需要选择一个作用点，将鼠标移动到关节 1 的 Marker_1 处，直到出现 center 信息时，按下鼠标左键后就可以创建旋转副，旋转副的轴垂直于工作栅格。然后用同样的方法创建连杆 1 与连杆 2 之间的旋转副，如图 6-17 所示。

（6）添加驱动。在运动副 1（Joint1）和运动副 2（Joint2）上分别添加旋转驱动。单击主工具栏的旋转驱动按钮"🔧"，然后再选择上面创建的旋转副 1，然后在图形区单击鼠标右键，在快捷菜单中选择"Modify"，在编辑对话框中将驱动函数设置为 40d * sin (time)，如图 6-18 所示。用同样的方法在旋转副 2 上创建旋转驱动，并将驱动函数设置为 15d×time×（-1）。

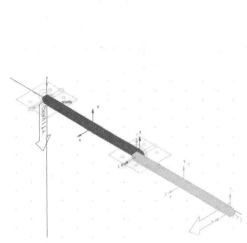

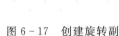

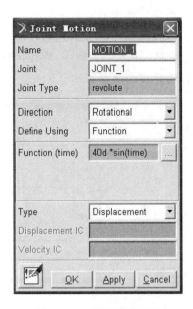

图 6-17 创建旋转副   图 6-18 旋转驱动设置

(7)运行仿真计算。单击主工具栏的仿真计算按钮,将仿真类型设置为"Kinematic",仿真时间"End Time"设置为 15,仿真步数"Steps"设置为 500,然后单击运行按钮进行仿真计算。

(8)绘制运动轨迹。单击菜单"result",选择红线画的轨迹创建,然后在模型中选择连杆 2 右端点"Marker4",再选择连杆 1 与大地的铰接点,点击后,直接就可创建运动轨迹,如图 6-19 所示。这里的操作步骤需要选两次:点击图中纺锤形后,第一次选择要创建轨迹的关键点,第二次要选择相对的参考坐标系,一般是大地,最后一步的操作方法是在模型空间的空白处点击一次。创建后的末端运动轨迹如图 6-20 所示。

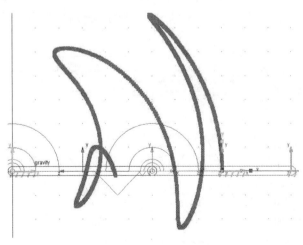

图 6-19 创建   图 6-20 末端运动轨迹
运动点轨迹

(9)结果后处理。

按下键盘上的"F8"键,或者点击"result"菜单中的曲线图标,界面将从"View"模块直接进入到"PostProcess"模块,后处理模块界面如图 6-21 所示。可以在图中标记的方框处右击,选择多个屏幕显示。

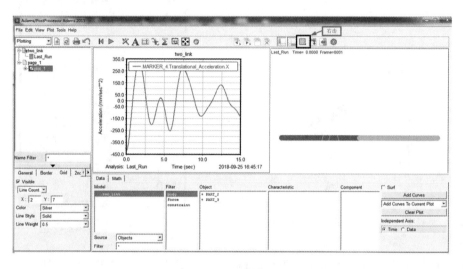

图 6-21　后处理模块界面

在后处理模块,通过菜单"View"→"Load Animation"可以载入动画。在仿真动画中可以播放两种动画,一种是在时间域内进行的运动学和动力学仿真计算动画;另一种是在频率域内的,播放通过线性化或者在震动模块中的计算模型的振型动画。单击播放按钮后开始播放动画,如果在播放同时按下记录按钮"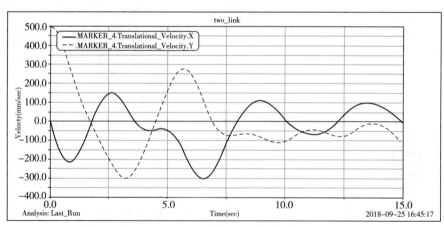",在播放动画的同时也将动画保存到动画文件中,动画文件位于 ADAMS 的工作目录下。

在后处理模块中,通过菜单"View"→"Load Plot",通过选择相应的选项,绘制相应的结果曲线。如图 6-22 和图 6-23 所示,分别绘制出机械臂末端点的速度曲线和加速度曲线。

图 6-22　机械臂末端速度曲线

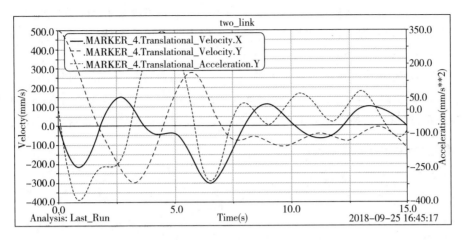

图 6-23　机械臂末端加速度曲线

6.3.2　动力学分析

运动学仿真与动力学仿真的不同在于,上述例子是采用运动来驱动机构,动力学仿真涉及力的驱动。基本的模型创建与上面的步骤相同,并添加运动副约束,不添加运动。然后按下面步骤添加力或力矩。

(1)添加驱动。与运动分析不同,动力学分析添加的驱动为单分量力矩。单击工具栏上的单分量力矩选项"",将选项设置为图 6-24(a)所示,Space Fixed、Normal to Grid 和 Constant,然后勾选"Torque"项并输入 10,然后在图形区单击关节 1,再在其上单击任何一点。用同样的方法添加关节 2 的驱动,并将其值设置为 -10,如图 6-24(b)所示。

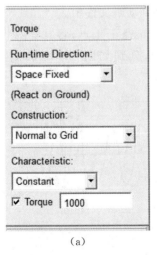
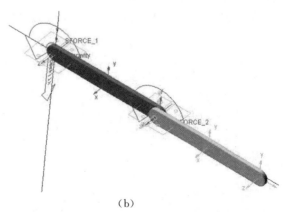

　　　　(a)　　　　　　　　　　　　　　　　　(b)

图 6-24　添加单分量力矩

(2)计算仿真。单击工具栏上的"simulation"栏,点击图标"",系统弹出

"simulation control"对话框,如图 6-25(a)所示。在对话框中将仿真时间设置为 5 s,仿真步数设置为 1500,仿真类型设置为 Dynamic,单击仿真计算按钮,观看仿真动画,模型将在不计驱动力矩作用下运动。

(3)绘制运动轨迹。单击工具栏上的"result"栏,然后选择"review"栏中的"⌐",创建关节 2 右端点 Marker4 的轨迹。轨迹创建方法分两步:先选择关键点 marker_4,然后选择参照系,这里是选择"ground",左击鼠标后,完成创建运动轨迹,如图 6-25(b)所示。

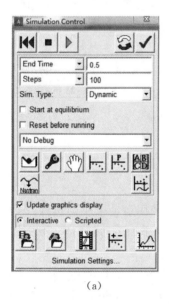
(a)

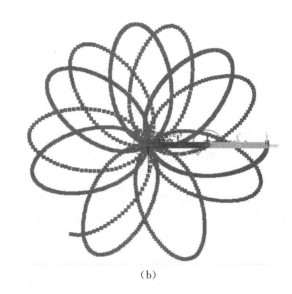
(b)

图 6-25　机械臂末端运动轨迹

(4)结果后处理。点击"result"栏中"postprocessor"栏中的"⌐"图标,进入后处理模块。在后处理模块,点击"View"→"Load Animation"可以载入动画。单击播放按钮后开始播放动画,在播放同时按下记录按钮"Ⓡ",将动画保存到动画文件中。

在后处理模块中,点击"View"→"Load Plot",选择 marker_4 点,将其 x,y 方向的速度曲线绘制到图中,同样选择加速度项,加载到图中,分别如图 6-26 和图 6-27所示。

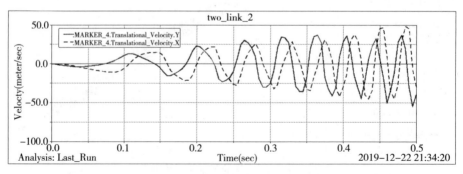

图 6-26　机械手末端 x,y 速度曲线

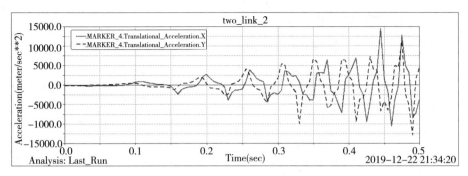

图 6-27　机械手末端 x,y 加速度曲线

6.4　多杆机构的 ADAMS 仿真

多杆机构的仿真包括两个方面,一是运动学仿真,二是动力学分析,这两种方法可以得到机构的运动学与动力学特性。同时,还可以用 ADAMS 对机构的运动进行规划,或者说根据需要的运动形式,反求驱动机构的运动特性。

6.4.1　模型的建立

1. 模型基本介绍

如图 6-28 所示,该模型由连杆 1、连杆 2、连杆 3、连杆 4 和滑块 5 组成。该模型的运动形式为连杆 1 为驱动杆,通过传动杆 2、4 带动滑块做直线往复运动。连杆 3 起定位作用。其实质上是将连杆 1 的转动转化为滑块的平动。

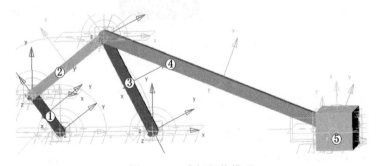

图 6-28　多杆机构模型

2. 启动 ADAMS

(1)点击 ADAMS 快捷键 ADAMS - View ×64　2015。

(2)启动后出现启动界面窗口,如图 6-29 所示,点击"New Model",出现"Create New Model",设置"Model name"为"ADAMSMODEL_1","Gravity"为"Earth Normal","Units 为 MMKS",如图 6-30 所示。

(3)单击"OK",进入 ADAMS。

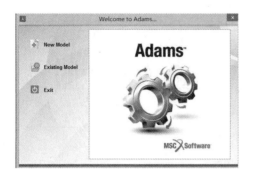

图 6-29 ADAMS 启动界面

图 6-30 启动 ADAMS 界面

3. 栅格设置

(1)点击"Setting",选择"Working Grid"。

(2)在弹出的窗口设置网格范围尺寸,设置窗口如图 6-31 所示。

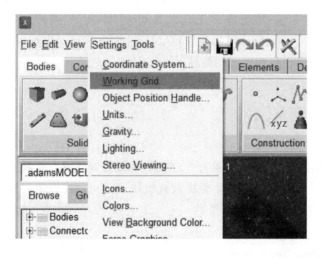

图 6-31 初始参数设置窗口

4. 坐标窗口

点击"View",选择"Coordinate Window F4",坐标位置显示窗口如图 6-32 所示。

5. 创建连杆

(1)连杆创建窗口如图 6-33 所示,单击"Bodies"菜单栏中的"RigidBody:Link",在出现的对话框中设置连杆 1 的参数,Length 为 50 mm,Width 为 5 mm,Depth 为 1 mm,在各自前面的框框打勾。在点(0,0,0)处点击鼠标左键,在点(40,30,0)处再次点击鼠标左键,完成连杆 1 的模型。

(2)单击"Bodies"菜单栏中的"RigidBody:Link",在出现的对话框中设置连杆 2 的参数,Length 为 130 mm,Width 为 5 mm,Depth 为 1 mm,在各自前面的框框打钩。在连杆 1 的 MARKER2 点(40,30,0)处点击鼠标左键,在点(160,-20,0)处再次点击鼠标左键,完成连杆 2 的模型。

图 6-32　设置坐标位置显示窗口

（3）单击"Bodies"菜单栏中的"RigidBody：Link"，在出现的对话框中设置连杆 3 的参数，Length 为 130 mm，Width 为 5 mm，Depth 为 1 mm，在各自前面的框框打勾。在连杆 2 的 MARKER4 点（160，-20，0）处点击鼠标左键，在点（110，-140，0）处再次点击鼠标左键，完成连杆 3 的模型。

（4）单击"Bodies"菜单栏中的"RigidBody：Link"，在出现的对话框中设置连杆 4 的参数，Length 为 130 mm，Width 为 5 mm，Depth 为 1 mm，在各自前面的框框打钩。在连杆 2 的 MARKER4 点（160，-20，0）处点击鼠标左键，在点（110，100，0）处再次点击鼠标左键，完成连杆 4 的模型。

6．创建滑块

（1）滑块创建窗口如图 6-34 所示。点击菜单栏"Bodies"中的"RigidBody：Box"，设置箱体的参数 Length 为 20 mm，Width 为 20 mm，Depth 为 20 mm，在各自前面的框框打勾。

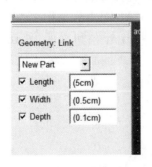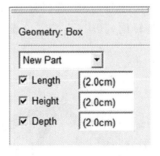

图 6-33　连杆创建窗口　　　　图 6-34　滑块创建窗口

（2）在工作区中使箱体的中心位于连杆 4 的 MARKER8 处点击鼠标左键，创建滑块。

完成后的模型如图 6-28 所示。

6.4.2 仿真过程设计

1. 创建转动副

(1)选择 ADAMS/View 约束库中的旋转副的图标,参数选择 2Bodies-1Location 和 Normal To Grid。在 ADAMS/View 工作窗口先用鼠标左键选择连杆 1(PART2),然后选择机架(ground),接着选择连杆 1 上的 MARKER1,如图6-35 所示的①位置是所创建的旋转副(JOINT_1),该旋转副连接机架和连杆 1,使连杆 1 能相对机架旋转。

(2)选择 ADAMS/View 约束库中的旋转副的图标,参数选择 2Bodies-1Location 和 Normal To Grid。在 ADAMS/View 工作窗口先用鼠标左键选择连杆 1(PART2),然后选择连杆 2(PART3),接着选择连杆 1 上的 MARKER2,如图 6-35 所示的②位置是所创建的旋转副(JOINT_2),该旋转副连接连杆 1 和连杆 2,使连杆 2 能相对连杆 1 旋转。

(3)选择 ADAMS/View 约束库中的旋转副的图标,参数选择 2Bodies-1Location 和 Normal To Grid。在 ADAMS/View 工作窗口先用鼠标左键选择连杆 2(PART3),然后选择连杆 3(PART4),接着选择连杆 2 上的 MARKER4,如图 6-35 所示的③位置是所创建的旋转副(JOINT_3),该旋转副连接连杆 2 和连杆 3,使连杆 3 能相对连杆 2 旋转。

(4)选择 ADAMS/View 约束库中的旋转副的图标,参数选择 2Bodies-1Location 和 Normal To Grid。在 ADAMS/View 工作窗口先用鼠标左键选择连杆 2(PART3),然后选择连杆 4(PART5),接着选择连杆 2 上的 MARKER4,如图 6-35 所示的 4 位置是所创建的旋转副(JOINT_4),该旋转副连接连杆 2 和连杆 4,使连杆 4 能相对连杆 2 旋转。

(5)选择 ADAMS/View 约束库中的旋转副的图标,参数选择 2Bodies-1Location 和 Normal To Grid。在 ADAMS/View 工作窗口先用鼠标左键选择连杆 3(PART4),然后选择机架(ground),接着选择连杆 3 上的 MARKER6,如图6-35 所示的⑥位置就是所创建的旋转副(JOINT_7),该旋转副连接连杆 2 和机架,使连杆 3 能相对机架旋转。

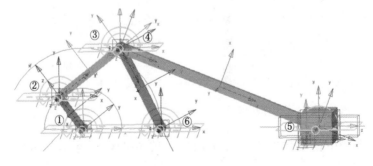

图6-35 创建转动副

（6）选择 ADAMS/View 约束库中的旋转副的图标，参数选择 2Bodies-1Location 和 Normal To Grid。在 ADAMS/View 工作窗口先用鼠标左键选择连杆 4（PART5），然后选择滑块（PART6），接着选择连杆 4 上的 MARKER8，如图 6 -35 所示的⑤位置是所创建的旋转副（JOINT_5），该旋转副连接连杆 4 和滑块，使连杆 4 能相对滑块旋转。

2. 创建移动副

选择 ADAMS/View 约束库中的移动副的图标，参数选择 2Bodies-1Location 和 Pick Geometry Feature。在 ADAMS/View 工作窗口先用鼠标左键选择滑块（PART6），然后选择机架（ground），接着选择滑块的中心点，图中加粗部分就是所创建的移动副（JOINT_6），该移动副连接滑块和机架，使滑块能相对机架平动，如图 6 - 36 所示。

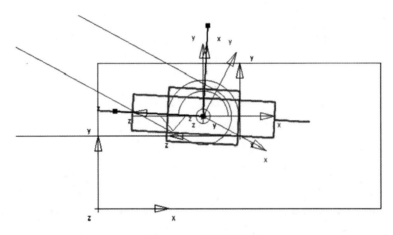

图 6 - 36　创建移动副

3. 创建速度驱动

在 ADAMS/View 驱动库中选择旋转驱动按钮，在 Speed 一栏中输入 30d，30 表示旋转驱动每秒钟旋转 30 度。在 ADAMS/View 工作窗口中，选择连杆 1，用鼠标左键点击连杆 1 上的旋转副（JOINT_1），一个旋转驱动创建完成，如图 6 - 37 所示。

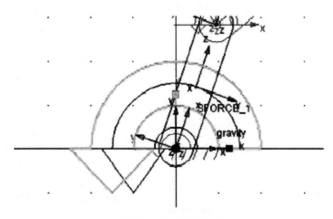

图 6 - 37　创建驱动

4. 仿真

点击仿真按钮,设置仿真终止时间(End Time)为 5 秒,仿真总步数(Steps)为 500,然后点击开始仿真按钮,进行仿真。

6.4.3 ADAMS 后处理

仿真完成后,打开后处理模块,具体方法见前文介绍。在图 6-38 下方选择窗口,选择模型,依次选择 Part5、CM 位置、X 方向等,再点击添加曲线按钮,完成操作。滑块 5 位移曲线会画在图形空间中,如图 6-38 所示。

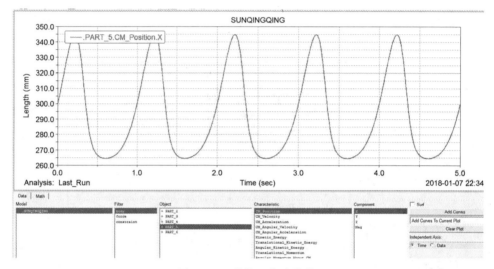

图 6-38 滑块 5 位移曲线

同样操作,选择 CM 速度选项,速度分量 X 方向,添加曲线,如图 6-39 所示为滑块 5 的速度曲线。同样的操作方法,可以得到其他的各个部件的仿真参数。

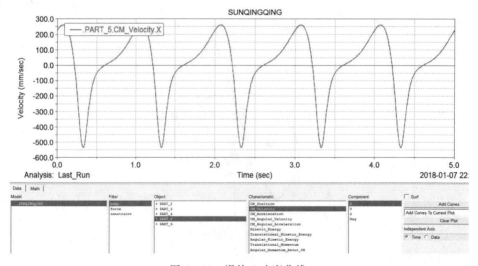

图 6-39 滑块 5 速度曲线

6.5　曲柄滑块机构仿真

本节将仿真一例类似于冲床的工作机构。如图 6 - 40 所示为某一机构上用的急回机构，这类机构的特点是向前的工作过程中的速度分量越来越小，而回程时，向后的速度分量越来越大。原动件 BC 匀速转动，已知 $a = 80$ mm，$b = 200$ mm，$l_{AD} = 100$ mm，$l_{DE} = 400$ mm。原动件为构件 BC，为匀速转动。对该机构进行运动分析和动力分析。

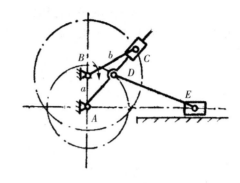

图 6 - 40　急回机构

在本例中，将展示在 ADAMS 中以组装的形式构造急回机构的各个部件，然后在仿真前让这些部件自动地组装起来，最后进行仿真。这种方法比较适合构造由较多部件组成的复杂模型。

6.5.1　仿真创建环境基本设置

打开 ADAMS/View。弹出创建模型对话框，在对话框中选择"Create a new model"，在模型名称（Model name）栏中输入符合 ADAMS 规则的名称，如 emample_book_6_5_2；在重力名称（Gravity）栏中选择"Earth Normal （－Global Y)"；在单位名称（Units）栏中选择"MMKS - mm,kg,N,s,deg"。

设置网格间距。考虑到 ADAMS 建模时，网格点有吸附功能，网格间距需要设置合适的尺寸，便于后建模。在 ADAMS/View 菜单栏中，选择设置（Setting）下拉菜单中的工作网格（Working Grid）命令。系统弹出设置工作网格对话框，将网格的尺寸（Size）中的 X 和 Y 分别设置成 750 mm 和 1000 mm，间距（Spacing）中的 X 和 Y 都设置成 10 mm。然后点击"OK"确定。

6.5.2　各个部件创建机构

(1)考虑到本例有尺寸要求，所以将图 6 - 40 中的 A 点对设置在原点，B 点设计在(80,0, 0)。在 ADAMS/View 工具栏上点击"body"选项，点击连杆图标"✏"，对弹出的 Link 对话框中，输入长度为 $b = 200$ mm，合理选择宽与高的参数。在 ADAMS/View 工作窗口中先用鼠标左键选择点(80,0,0)，然后在合适的倾斜角选

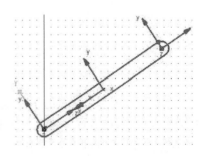

图 6 - 41　创建的主曲柄 BC

一位置点击鼠标左键,创建出主曲柄 BC(PART_2),如图 6-41 所示。

(2)创建副曲柄 AC。方法与第一步相同,只是要注意位置要与主曲柄位置重合,参数选择如图 6-42 所示。

在工作窗口中先用鼠标左键选择原点(0,0,0),然后选择合适的倾斜角,在一合适位置点击鼠标左键,保证 AC 与 BC 端点位置重全,创建出副曲柄 AC(PART_3),如图 6-43 所示。

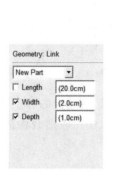

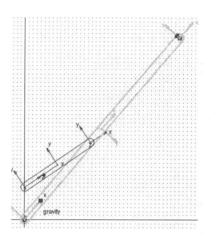

图 6-42　副曲柄 AC 参数　　　　　图 6-43　设置杆选项

(3)在 C 位置创建滑块。滑块可以用块(BOX)创建,也可以用 link 创建。在工具栏上选择连杆图标"✐",参数选择如图 6-44(a)所示。然后在 ADAMS/View 工作窗口中用鼠标左键在主曲柄(PART_2)和副曲柄(PART_3)之间任意选择合适的一点,并与副曲柄(PART_3)近似平行,点击鼠标左键,完成滑块的创建,如图 6-44(b)所示。

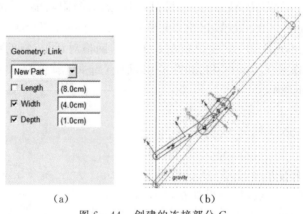

(a)　　　　　　　　(b)

图 6-44　创建的连接部分 C

(4)创建 DE 连杆。选择连杆图标"✐",参数选择如图 6-46 所示。在 ADAMS/View 工作窗口中,用鼠标左键在副曲柄上合适位置选择一点,为了保证这个点位置,可以提前定义一个 Marker 点或一般点,连杆另一端点用鼠标左键点击一个合适位置确定。选择时,要保证 A 与 E 点基本保持在一个水平线上。如图 6-45 所示。

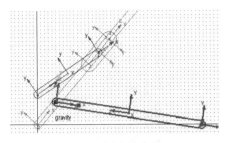

图 6-45　创建的连杆 DE

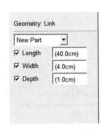

图 6-46　设置长方体参数

（5）创建滑块 E。在工具栏中选择"body"，在创建实体栏中选择长方体图标"▣"，参数选择如图 6-47（a）图所示，厚度设置为 20 mm，其他选择合适，要求对称即可。在 ADAMS/View 工作窗口中用鼠标左键在副曲柄上侧的区域任意选择一点，并点击鼠标左键确认。滑块 E(PART_6)如图 6-47（b）图所示。

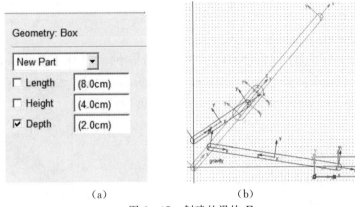

(a)　　　　　　　　　　　　　　　(b)

图 6-47　创建的滑块 E

（6）修改 PART_6 的几何体位置到对称中心平面。ADAMS 默认创建的几何体向一侧拉伸，导致滑块是偏向一侧的，需要修正一下。如图 6-48 所示，双击图中 MARKER_9，弹出"Marker Modify"对话框，将 Location 栏中的 z 坐标更改-10 mm。点击"OK"，那么创建的滑块 E 便会向负 z 方向移动 10 mm。完成结果如图 6-48（b）图所示。

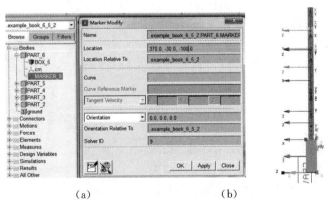

(a)　　　　　　　　　　　　　　　(b)

图 6-48　调整 Marker 点的参数，修正几何体位置

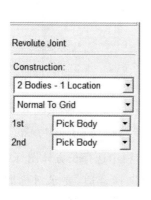

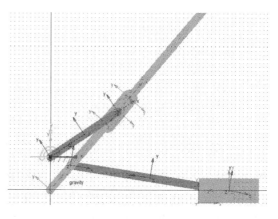

图 6-49　旋转副选项　　　　图 6-50　主曲柄与机架旋转副完成

6.5.3　创建运动副

（1）创建主动杆转动副。主动杆与机架、滑块各有一个转动关系。点击"connectors"，按默认选项不变，用鼠标在模型空间中依次选择 part_1(ground)，part_2，以及这两个构件的旋转点 part_2.marker_1，完成转动副的创建。如图 6-50 所示。

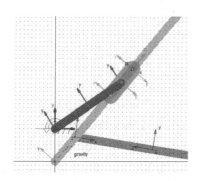

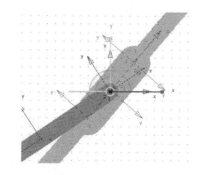

图 6-51　part_2 与 part_4　　　　图 6-52　part_2 与 part_4 旋转副完成

（2）创建主曲柄与滑块之间的旋转副。part_2 与 part_4 之间需要一个旋转副，如图 6-51 所示。方法与上相同，旋转副的连接点可以选择在 part_2 与 part_4 任一个上面的关键点。本例将旋转副的旋转中心放置在 part_2.marker_2 上。完成结果如图 6-52。

（3）创建滑块与副曲柄之间的滑动副。此滑动副功能是在 part_3 与 part_4 之间建立滑动关系，如图 6-53 所示。点击滑动副按钮，依次选择 part_3 与 part_4，在选择方向时，一定要注意

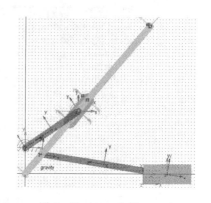

图 6-53　part_3 与 part_4

滑动方向与 part_3 杆的方向一致,图 6 - 54 中箭头可以长一点,直指 marker_4。点击鼠标,完成创建。

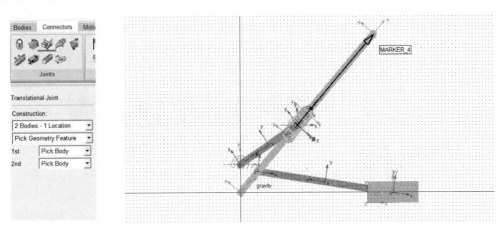

图 6 - 54　part_3 与 part_4 之间的滑动副

(4)创建副曲柄与机架之间的旋转副。方法与(1)相同。如图 6 - 55 所示。

(5)创建副曲柄与 part_5(连杆)之间的旋转副。与上方法相同,选择 part_3 与 part_5,旋转副的点选择 marker_7,完成效果如图 6 - 56 所示。

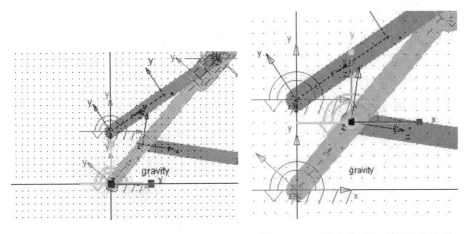

图 6 - 55　副曲柄与机架之间的旋转副　　　图 6 - 56　副曲柄与连杆之间的旋转副

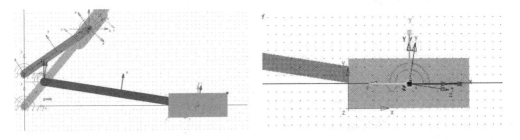

图 6 - 57　连杆(part_5)与滑块(part_6)之间的旋转副

（6）创建连杆（part_5）与滑块（part_6）之间的旋转副。创建完成的旋转副如图 6－57 所示。

（7）创建滑块（part_6）与机架（ground）之间的滑动副。创建方法与（3）相同，完成如图 6－58 所示。

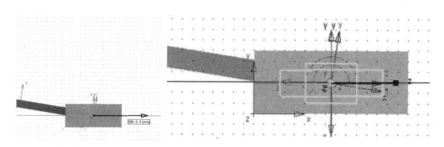

图 6－58　滑块（part_6）与机架（ground）之间滑动副

6.5.4　驱动设置及仿真设置

1. 添加运动驱动

在 ADAMS/View 中点击"Motions"工具栏，选择旋转驱动（Rotational Joint Motion）图标" "，在"Rot. Speed"一栏中输入－360d * time，－360d * time 表示旋转驱动每秒钟顺时针旋转相当于 360 度的弧度。如图 6－59 左图所示。在 ADAMS/View 工作窗口中，用鼠标左键点击主曲柄上旋转副（JOINT_1），一个旋转驱动创建出来，如图 6－59 所示，图中的部分为旋转驱动。

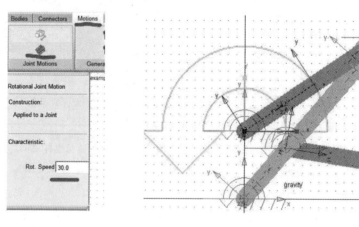

图 6－59　主曲柄上的驱动

2. 保存模型

在 ADAMS/View 中，选择"File"菜单中的"Save Database As"命令。系统弹出保存模型对话框，输入保存的路径和模型名称，按"OK"，保存急回机构模型 emample_book_6_5_2.bin，如图 6－60 所示。

3. 仿真参数设置

点击主工具栏按钮上的"Simulation",点击"Simulate"一栏的齿轮图标杆,设置仿真终止时间(End Time)为 3,仿真工作步长(Step Size)为 0.01,然后点击开始仿真按钮"▶",对系统进行仿真,观察模型的运动情况,如图 6-61 所示。

图 6-60　保存模型对话框　　　　图 6-61　仿真设置

6.5.5　结果后处理

点击主工具栏上的"postprecessor",进入后处理界面,开始对主曲柄、副曲柄、滑块等进行运动分析和力分析结果参数的获取或处理。

(1)JOINT_1 中的力。在本例题中,除了重力外,并没有额外的力。因此,运动副中的力均是由重力或惯性力的影响产生的。首先分析主曲柄的旋转副 JOINT_1 仿真结果。在模型窗口中用鼠标右键点击原动件 BC 上的旋转副 JOINT_1,选择"Modify"命令,如图 6-62 所示,在弹出的修改对话框中选择测量(Measures)图标,弹出对话框如图 6-63 所示。在弹出的测量对话框中,将"Component"项设置为"mag",表示测量结果是力的幅值。将"From/At"项设置为"PART_2.MARKER_13"(或者 ground.MARKER_14),这两个关键点分别属于 PART_2 或 ground,选择 13 点,表示测量的是原动件 BC 对机架的压力,选择关键点 14,表示测量的是机架对主曲柄的支持力(两力是一对作用力和反作用力,大小相等、方向相反)。其他的设置如图 6-63 所示。然后点击对话框下面的"OK"确认。生成的力-位移曲线如图 6-64 所示。

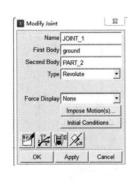

图 6-62　JOINT_1 修改　　　　图 6-63　测量力对话框的设置

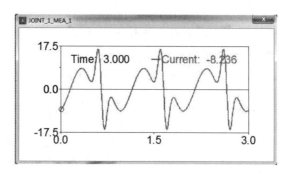

图 6-64　力-位移曲线图

(2)JOINT_1 的角位移测量。旋转副 JOINT_1 的角位移测量和其力测量过程几乎一样,在图 6-65 所示的对话框中,将"Characteristic"栏选为 Ax/Ay/Az Projected Rotation,"Component"项选为 Z,将"From/At"项选择为 ground. MARKER_10(或者 PART_2. MARKER_11)。然后点击对话框下面的"OK"确认。生成的角位移-时间曲线如图 6-66 所示。

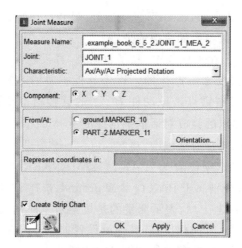

图 6-65　测量角位移对话框的设置

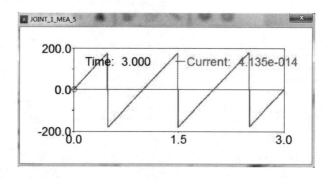

图 6-66　MARKER_10 角位移-时间曲线图

当"From/At"栏设置为 PART_2.MARKER_11 时,生成的角位移和时间的曲线图如图 6 - 67 所示。图 6 - 66 和图 6 - 67 的区别在于符号的相反、绝对值大小相同。这就是设置 From/At 栏不同的参考点从而导致曲线的不同。

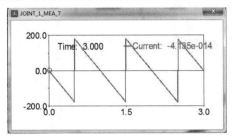

图 6 - 67　MARKER_11 角位移和时间的曲线图

(3)运动构件中的参数测量。本节主要用于测量不同构件在运动过程中的相互位置或者速度关系。在"ADAMS/View"菜单栏中,选择工具栏"Design Exploration",在"Measures"项中,选择其中的 ▲ 图标,如图 6 - 68 所示,进行点与点之间的位移或角度相对关系测量。系统弹出点与点之间测量的对话框,点击"Advanced"按钮,弹出图 6 - 69 右图所示的对话框。将光标放在被测量的点(To Point)栏中,按鼠标右键,选择"Marker"→"Browse",如图 6 - 70 所示。

图 6 - 68　进行点与点之间测量窗口

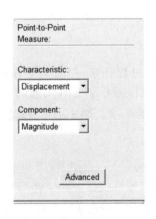

图 6 - 69　点与点之间测量的对话框

在弹出的"Database Navigator"的对话框中,选择"PART_5"下面的"PART_5.cm"(该 MARKER 点为连杆 DF 上的重心点)。然后点击该对话框下面的"OK"按钮,如图 6 - 70 所示。同样在图 6 - 69 中的参考点(From Point)栏中,按鼠标右键,选择"Marker"→"Browse",在弹出的"Database Navigator"对话框中,选择"ground"下面的"MARKER_16"(该点是坐标原点),然后点击该对话框下面的"OK"按钮,如图 6 - 71 所示。

图 6-70　选择被测量的点对话框　　　图 6-71　选择参考点对话框

　　在图 6-72(a)图中的测量数据集中上面创建的测量项，选择"Translational displacement"，在"Component"栏中选择"mag"。然后点击对话框下面的"OK"确认。生成的时间-位移曲线如图 6-72(b)图所示。

 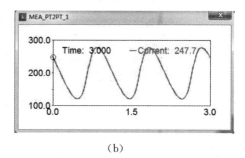

（a）　　　　　　　　　　　　　　　（b）

图 6-72　时间-位移曲线

　　(4)创建速度和加速度的测量项。过程和位移的过程几乎一样，只是在点与点之间测量对话框中的"Characteristic"项，分别选为"Translational velocity"，如图 6-73 所示，或者"Translational acceleration"，如图 6-74 所示。图 6-75、图 6-76 分别是时间-速度曲线、时间-加速度曲线。

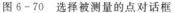 

图 6-73　点与点之间测量速度对话框　　　图 6-74　点与点之间测量加速度对话框

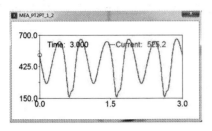

图 6-75　时间-速度曲线

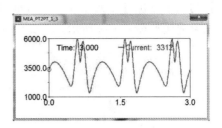

图 6-76　时间-加速度曲线

（5）创建角度测量。如图 6-77 所示，在"ADAMS/View"菜单栏中，选择"⌓"图标，弹出图的"angle measure"，点击"advanced"选项，如图 6-78 所示，进行连杆旋转运动的测量。系统弹出点与点之间测量的对话框，这个命令需要选择三个不同的关键点，应当在三个不同的 part 上进行选择。将光标放在第一个点（First Marker）栏中，按鼠标右键，选择"Marker"→"Browse"，如图 6-79 所示，选择一个 Marker 点。用同样的方法，选择其他的两个点。选择完成后的测量点如图 6-80 所示。

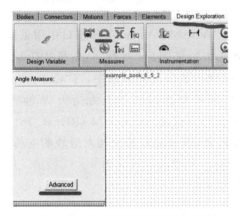

图 6-77　创建角位置测量对话框

图 6-78　角位置测量的对话框

图 6-79　角位置测量的设置对话框

图 6-80　角位置测量点对话框

选择的三个点位置在如图 6-81 所示的方位,然后点击图 6-80 中的"Apply"按钮,计算的结果曲线如图 6-82 所示。

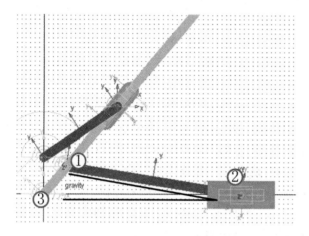

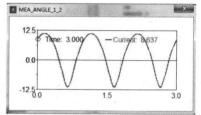

图 6-81　三点位置曲线图　　　　图 6-82　时间-角位置曲线图

(6)滑块 F 和机架之间的受力分析。在"ADAMS/View"工作窗口中用鼠标右键点击滑块 F 的移动副 JOINT_7,选择"Modify"命令,如图 6-83 所示,在弹出的修改对话框中选择测量图标"📷",如图 6-84 所示。在弹出的测量对话框中,将"Component"栏设置为 X(因为在不考虑摩擦的条件下滑块和机架之间的受力方向为 X 轴方向),将"From/At"栏设置为"PART_6.MARKER_22"(或者 ground.MARKER_26。选择前者,表示测量的是滑块对机架的压力,选择后者,表示测量是机架对滑块的支持力,两力是一对作用力和反作用力,大小相等、方向相反)其他的设置如图 6-84 所示。然后点击对话框下面的"OK"确认。生成的力-位移曲线如图 6-85 所示。

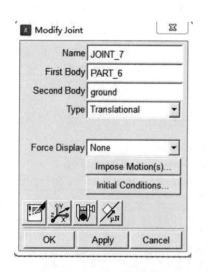

图 6-83　测量力对话框的设置　　　　图 6-84　力和时间的选项设置对话框

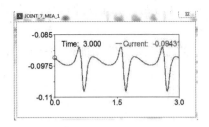

图 6-85　力-位移的曲线

【课后作业】

　　习题 6-1　采用 MATLAB 仿真或 ADAMS 软件对双弹簧振子仿真,考虑阻尼及外部作用力。各个参数大小自定。

　　习题 6-2　基于 ADAMS 的牛头刨床运动仿真分析。牛头刨床的机构及参数请自行查阅,选一种机床参数即可。

　　习题 6-3　请实现习题 6-1 中机构的 ADAMS 仿真,图为机构原理,请设计相关参数以实现模型运动即可。

　　习题 6-4　请实现习题 6-2 中机构的 ADAMS 仿真,图为机构原理。请设计相关参数,实现模型运动即可。

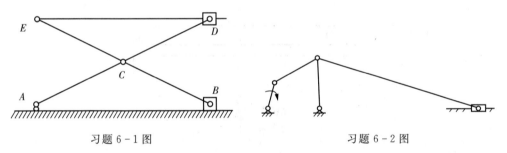

习题 6-1 图　　　　　　　　　　　　　习题 6-2 图

　　习题 6-5　请实现习题 6-3 图中机构的 ADAMS 仿真,图为机构原理请设计相关参数仿真。如果在手柄 1 的末端加 100 N 的力,要用 ADAMS 计算出压头 6 的力。

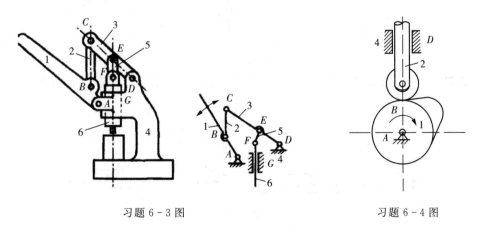

习题 6-3 图　　　　　　　　　　　　　习题 6-4 图

习题 6-6 用 ADAMS 实现习题 6-4 图的凸轮机械运动,形状按图实现,相关尺寸大小可自定。

习题 6-7 用 ADAMS 实现习题 6-5 图的机构运动,相关尺寸大小可自定。

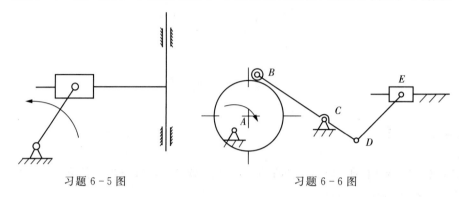

习题 6-5 图 　　　　　　　　习题 6-6 图

习题 6-8 用 ADAMS 实现习题 6-6 图所示的偏心轮机构的运动,相关尺寸大小可自定。

习题 6-9 要求用 ADAMS 或 MATLAB 实现曲柄滑块机构的仿真,参数可以自行设计,也可以按本章教材上给定。

习题 6-10 请设计一个习题 6-8 图左图的急回机构,并以 ADAMS 进行仿真。

习题 6-11 请设计习题 6-7 图的机构,并以 ADAMS 进行仿真。

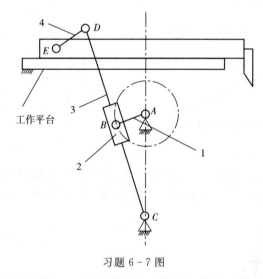

习题 6-7 图

习题 6-12 请设计习题 6-8 图右图的急回机构,并以 ADAMS 进行仿真。

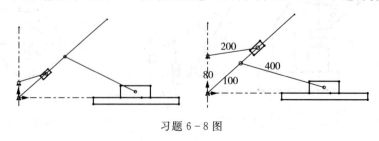

习题 6-8 图

习题 6-13　请实现习题 6-9 图的机构运动,并以 ADAMS 进行仿真。具体参数请自行设计。

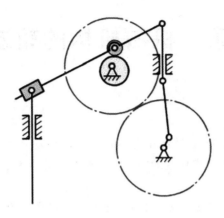

习题 6-9 图

第7章　机械机构的轨迹规划

路径规划是运动规划的主要研究内容之一。运动规划由路径规划和轨迹规划（时间）组成，连接起点位置和终点位置的序列点或曲线称之为路径，构成路径的策略称之为路径规划。

路径是机器人位姿的一定序列，而不考虑机器人位姿参数随时间变化的因素。路径规划（一般指位置规划）是找到一系列要经过的路径点，路径点是空间中的位置或关节角度，而轨迹规划是赋予路径时间信息。

运动规划（又称运动插补）是在给定的路径端点之间插入用于控制的中间点序列从而实现沿给定路径的平稳运动。运动控制主要解决如何控制目标系统准确跟踪指令轨迹的问题，即对于给定的指令轨迹，选择适合的控制算法和参数，产生输出，控制目标实时、准确地跟踪给定的指令轨迹。

路径规划的目标是使路径与障碍物的距离在尽量远的同时，路径的长度要尽量短。轨迹规划的目的主要是使机器人在关节空间移动中的运行时间尽可能短，或者能量尽可能小。轨迹规划在路径规划的基础上加入时间序列信息，对机器人执行任务时的速度与加速度进行规划，以满足光滑性和速度可控性等要求。

由于 MATLAB 中关于机构部分的内容为专门的一个学科，需要的读者可以另行学习。本章只介绍使用 ADAMS 软件，根据机器人的末端工作路径来驱动机器手进行运动，并进一步反求出机器手其他部分的运动方式或运动轨迹。

7.1　ADAMS 轨迹规划概述

7.1.1　驱动介绍

ADAMS 模型的运动，用力、速度、样条曲线及函数均可以驱动。ADAMS 提供了两种驱动形式：约束驱动与点驱动。

约束驱动包括移动方式与转动方式。移动方式有移动副与圆柱副，转动方式有回转副及圆柱副。不同的"副"约束数量不同的自由度，运动的驱动按照运动副提供的约束进行运动，其中比较常用的是一般运动副：旋转副、万向节副（虎克铰）、固定副、移动副、恒速度副、槽副、圆柱副、球副、螺旋副、平面副、齿轮副等,见表 7-1。

在 ADAMS 中,驱动是通过表 7-1 中的副约束来实现。在 ADAMS 中,副的运动形式有四种:副约束、位移、速度、加速度。ADAMS 提供了丰富的函数,可以形成各种形式的驱动。图 7-1 给出了一般的操作流程,图中①标记处是 ADAMS 函数库,可以从其中选择相关函数进行组合操作。由于 ADAMS 对函数的操作有其特有的规则,因而本书对一些基本与常用的函数进行简单地介绍。

表 7-1 运动副及其运动形式

名 称	运动形式	模 型	描 述
转动副 (铰链连接)	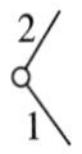	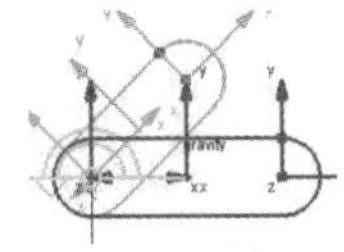	
转动副		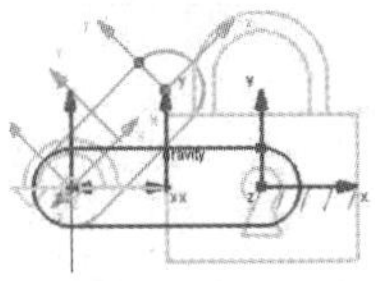	
转动副	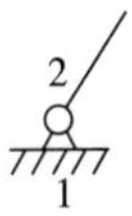	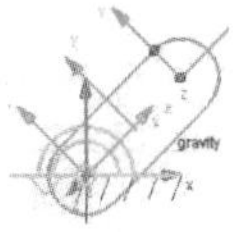	
移动副	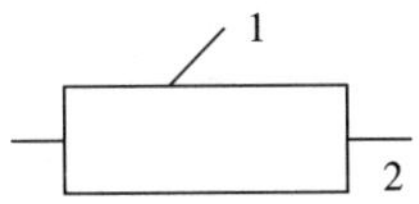	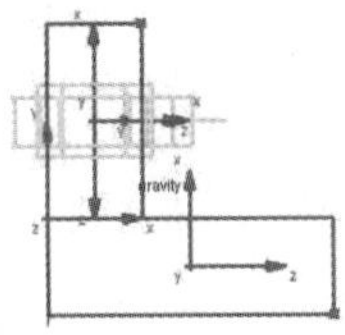	
移动副	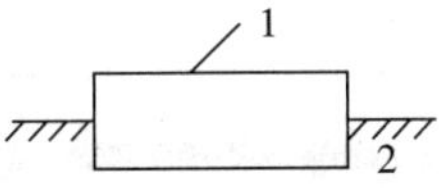	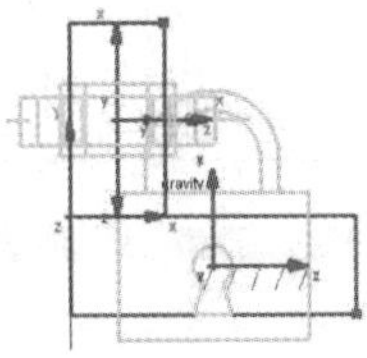	
移动副	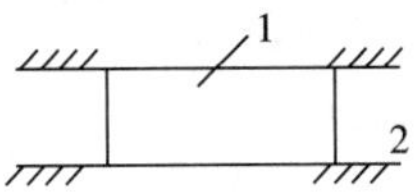	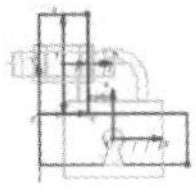	
移动副	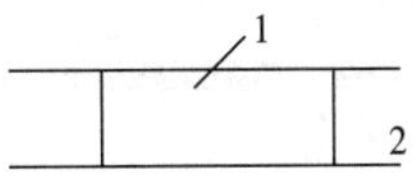	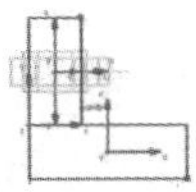	
回转副	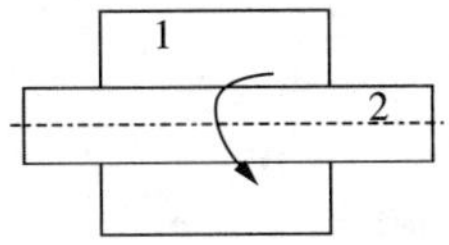	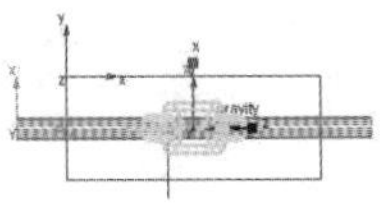	

（续表）

名　称	运动形式	模　型	描　述
球副			
恒速副			
虎克节			
螺旋传动			
平面约束			

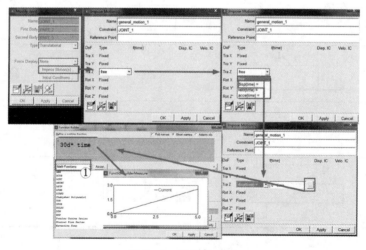

图 7-1　操作的流程

7.1.2　几个常用函数的说明

ADAMS 中有些参数与一般的软件表达参数的方法并不太相同。在介绍案例之前，做一些简单的说明，例如：$10.0d \times \sin(180d \times \text{time} + 90d)$，其中的 d 为角度转化标记符号，$10d$ 转为弧度后约为 0.17。得到的以弧度表示的振幅结果如图 7-2 所示。

$10.0 \times \text{Sin}(180d \times \text{time} + 90d)$ 得到的结果为图 7-3，此时振幅为 10。

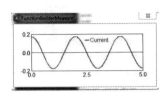
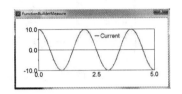

图 7-2　以弧度表示的振幅　　　　图 7-3　以常数表示的振幅

1. STEP 函数

格式：step (x, x_0, h_0, x_1, h_1)。

参数说明：

x——自变量，可以是时间或时间的任一函数。

x_0——自变量的 STEP 函数开始值，可以是常数或函数表达式或设计变量。

x_1——自变量的 STEP 函数结束值，可以是常数、函数表达式或设计变量。

h_0——STEP 函数的初始值，可以是常数、设计变量或其他函数表达式。

h_1——STEP 函数的最终值，可以是常数、设计变量或其他函数表达式。

例 1：step(time,0,2,2,200)，所得运动角速度曲线如图 7-4 所示。

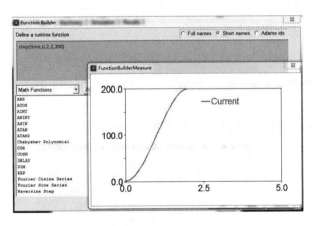

图 7-4　step 函数—运动角速度曲线

例 2：step(time,3,0,4,−200)，得到的曲线如图 7-5 所示。

需要说明的是，step 函数中的两个变量对应的速度数值是指分别相对于上一个 step 中的第二个变量对应的速度值。

第一个 step 中表示：从 0 到第 2 秒速度达到 200，开始值为 2。

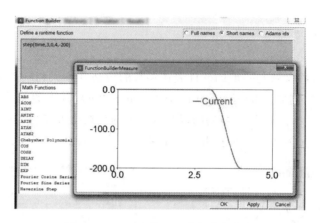

图 7-5   step 函数二运动角速度曲线

第二个 step 中表示：从 0 到第 3 秒相对于增量为 0，即从 0 秒到 3 秒，速度数值为 0；第 3 秒速度开始变化，变化时间段为 4 秒结束，到第 4 秒时，速度为－200，所以到 4 秒时刻速度是－200。

例 3：方波的输入。

（1）有时需要输入下方波形式的力或力矩，如果单纯地采用 step 函数迭加是不能实现的。

（2）在 ADAMS 中输入的函数形式为：step(sin(2 * pi * time)，－0.01，－1，0.01，1）。

需要说明的是：

① 当方波的频率改变时，可以通过改变下式中的 FREQ 得以实现：

sin(2 * pi * FREQ * time)

② 改变方波的上下限的方法如下：

step(sin(2 * pi * time)，－0.01，LOWER，0.01，UPPER)

③ 例如：step(sin(2 * pi * 3.0 * time)，－0.01，0，0.01，7) 中的频率为 3 Hz，上下限分别为 0，7。

（3）在 ADAMS 中所得到的方波曲线如图 7-6 所示。

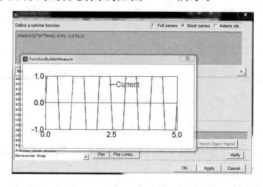

图 7-6   step 函数方波曲线

2. IF 函数

格式：IF(表达式 1：表达式 2，表达式 3，表达式 4)。

参数说明：

表达式 1——ADAMS 的评估表达式。

表达式 2——如果表达式 1 的值小于 0，IF 函数返回的 Expression2 值。

表达式 3——如果表达式 1 的值等于 0，IF 函数返回表达式 3 的值。

表达式 4——如果表达式 1 的值大于 0，IF 函数返回表达式 4 的值。

例如：函数 IF(time－2.5：0，0.5，1)。

结果：　0.0　if time < 2.5

0.5　if time = 2.5

1.0　if time > 2.5

下面举一个例子，用常见的加速-匀速-减速问题进行简单说明：

(1)要输入的速度函数为：

$$V = \begin{cases} 10 \times t & (0 < t < 0.1) \\ 1 & (0.1 < t < 0.4) \\ -10 \times t + 5 & (0.4 < t < 0.5) \end{cases}$$

(2)在 ADMAS 中的表示：

velo(time) = if(time－0.1：step(time,0,0,0.1,1),1,step(time,0.4,1,0.5,0))

(3)得到的速度曲线如图 7－7 所示。

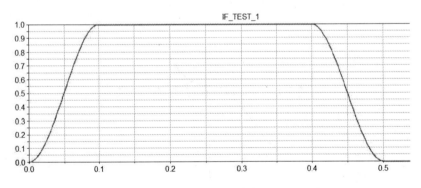

图 7－7　速度曲线

3. AKISPL 函数

格式：AKISPL (First Independent Variable，Second Independent Variable，Spline Name，Derivative Order)。

参数说明：

First Independent Variable——spline 中的第一个自变量(比如 x)。

Second Independent Variable(可选)——spline 中的第二个自变量(比如 Z)，通常在二维平面上的拟合时，这个值为 0。

Spline Name——数据单元 spline 的名称，一般由点数据组成。

Derivative Order(可选)——插值点的微分阶数,一般用 0 就可以了。当 Second Independent Variable 为 0 时,这个值可以省略。

例如:

function = AKISPL(DX(marker_1, marker_2), 0, spline_1)

spline_1 用表 7-2 中的离散数据定义。

表 7-2　离散数据

自变量	函数值
−6.0	−3.6
−3.0	−2.5
−2.0	−1.2
−1.0	−0.4
0.0	0.0
1	0.4
2	1.2
3	2.5
4	3.6

AKISPL 的拟合曲线如图 7-8 所示。

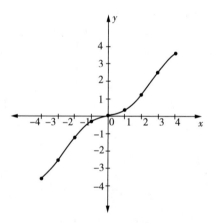

图 7-8　AKISPL 函数的拟合曲线

7.1.3　点驱动

ADAMS 中,可以用多个点形成的曲线作为模型上某个 marker 点的运动路径,从而形成整个机构的运动。一般来说,点驱动作用在执行机构末端时,如机械手,可以求出所有的其他构件的运动轨迹。如果把求出的轨迹再作为驱动,则可以规划出机械手的末端的运动,这种方法称为轨迹反求。其基本过程如下:

1. 创建单点 Motion

(1)点击"Motions"菜单,选择"General Motions"按钮。

图 7 - 9 Motion 菜单

(2)在仿真模型上选择驱动点,例如选择"MARKER_14",弹出图 7 - 10 的"Impise Motions"对话框,可以根据需要,调整任一个自由度的运动形式。例如,选择 X 方向的位移函数,点击最右边的省略号按钮,展开如图 7 - 11 所示。

图 7 - 10 Impise Motions 对话框

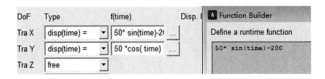

图 7 - 11 设置驱动函数展开

(3)设置驱动函数。例如设置 X 方向的驱动函数为 $50 \times \sin(\text{time}) - 200$,$Y$ 方向的驱动函数为 $50 \times \cos(\text{time})$,然后点击"Plot"按钮验证函数是否正确,并画出正确的曲线,如图 7 - 12 所示。

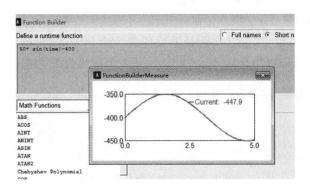

图 7 - 12 驱动函数

（4）仿真分析。上述驱动完成后，进行仿真分析，主要设置分析时间与步长，这里设置成只需要完成一个周期的分析即可，如图 7 - 13 所示。

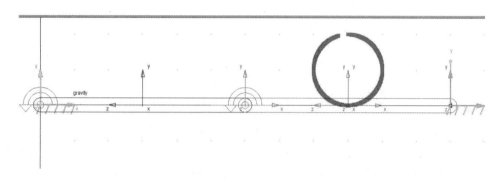

图 7 - 13　驱动函数作用下的点驱动运行轨迹

2. 轨迹反求

（1）根据第一步的仿真结果，求出其他构件的关键点的运动轨迹。如图 7 - 14 所示的杆件 2 的关键点的轨迹曲线。

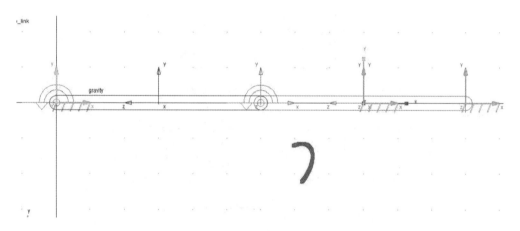

图 7 - 14　关键点轨迹曲线

（2）求解轨迹的基本方法如下：

① 点击"results"，选择"review"按钮。

② 这一步操作需要分三次点击鼠标：第一次选择需要创建轨迹点所在的 part，第二次选择需要创建的关键点，第三次选择需要的参考坐标系，即选择一个 part，一般选择 ground 作为参考物，即选用全局坐标系作为轨迹生成的坐标系，如图 7 - 15 所示。

图 7 - 15　关键点轨迹曲线求解

(3)导出曲线。基本方法如下：

在图 7-14 中选择曲线,右击,在弹出的菜单中选择导出,先得出轨迹的样条曲线,导出存为 .TXT 的格式。

因此将圆的方程设为$(x-550)^2+y^2=500$,用参数形式表示就是：

$$
\begin{cases}
x=-150+50\times\sin(\text{time})\\
y=50\times\cos(\text{time})+10
\end{cases}
\tag{7-1}
$$

要使关节 2 的末端运动轨迹按指定的轨迹运动,这时需要通过轨迹方程计算出两个关节的关节变量,然后将这两个关节变量作为控制系统模型的关节输入。

这里要注意:点驱动要注意驱动方程的相对坐标问题。一般来说,坐标原点为驱动点所在的位置。

3. 轨迹驱动

(1)删除前面通过仿真得到的所有样条曲线。

(2)创建点的运动 Motion,将上一步导出的曲线作为驱动曲线添加为运动。首先,点击"Motion"按钮,选择运动驱动形式为"Spline",然后创建任一样条曲线,选择此曲线,右击编辑此曲线,用上面导出的曲线数据替代此曲线,完成驱动的创建。

(3)运行仿真。点击仿真按钮,在弹出的对话框中,设置相关的仿真参数,点击运行按钮,进行仿真。

(4)运行结果如图 7-16 所示。

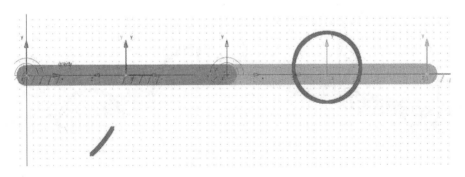

图 7-16　点驱动仿真运行结果

7.2　机械手的轨迹驱动

工程实际中的机械手,其末端的运动是其他部件的运动合成的。本节介绍用上面步骤得出的其他连杆关键点的运动轨迹作为驱动,最终合成机械手末端运动的方法。需要注意的是,ADAMS 的轨迹驱动是从模型的初始位置开始的,即 0 时刻开始的。在图 7-16 中,建模的位置与模型开始运动的位置是不一致的,缺失了从原始位置到开始运动初始点的一段曲线,如果用图 7-16 进行轨迹驱动,则要补全这一段曲线。本例为了方便,使用原始位置与运动开始位置一致的模型,如图 7-17 所示。

因为连杆 1 的一端与大地(Ground)原点铰接,如果以大地作为参考系(全局参考系),将杆 2 圆的方程设为 $(x-290)^2+y^2=30^2$,用参数形式表示:

$$\begin{cases} x=290+30\times\sin(\text{time}) \\ y=30\times\cos(\text{time}) \end{cases} \tag{7-2}$$

注意式(7-2)的形式,保证了连杆 2 的右端关键点(局部参考系)位置与模型原始位置一致。以点驱动作为主驱动,计算出图 7-17 中杆 1 与杆 2 的 CM 轨迹(位置坐标),具体的方法前面已经介绍,现在的关键步骤是杆 1 与杆 2 的 CM 点轨迹如何生成与时间相关的样条曲线,这里介绍两种方法:

1. 使用 MATLAB 处理相关曲线数据

首先将杆 1 与 2 的 CM 轨迹导出为 txt 格式文件,然后用 MATLAB 软件将此文件中各个独立参数分离出来,即 x,y,z,然后加上时间项目,然后导出为三个(二维的驱动为二个)txt 文件,即第一列为时间 t,第二列为 x,y 或 z 的三个文档。然后以这三个文件导入到 ADAMS 中,生成样条曲线,作为驱动。

这种方法较麻烦,优点是可以用 MATLAB 方便地补全上文说的问题,即当模型的初始位置与驱动起始位置不一致时的缺失部分位置坐标。

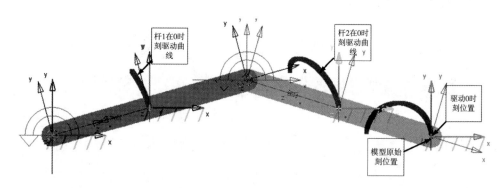

图 7-17 轨迹驱动模式模型

2. 使用 ADAMS 后处理数据处理功能生成样条曲线

首先按上文进行点驱动的仿真,然后打开后处理界面。

在后处理界面中,生成样条曲线的步骤如图 7-18 所示。这一步生成的是杆 1 的 CM 点的 x 坐标的轨迹样条曲线。回到模型空间,刚才创建的 SPLINE_9 在软件左侧导航窗口的 elements 下,展开后,在 Data elements 下可以看到 *SPLINE*_9,双击这个曲线,弹出修改样条曲线对话框,如图 7-19 所示。图中,这个样条曲线的第一列为时间值,第二列为杆 1 的 CM 点 x 的坐标值。用同样方法生成杆 1 的 CM 的 y 点,杆 2 的 CM 的 x,y 点的样条曲线。

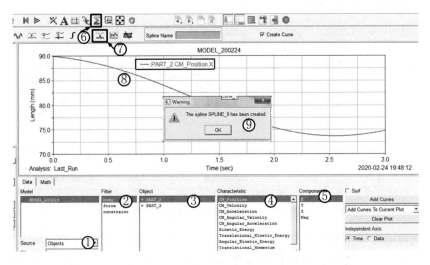

图 7 - 18　驱动样条曲线生成步骤

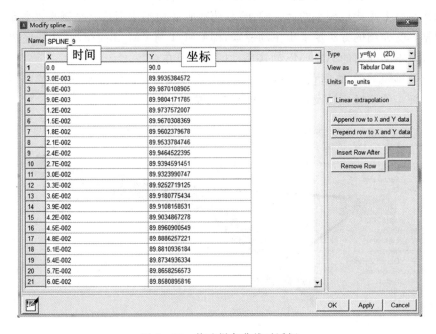

图 7 - 19　修改样条曲线对话框

将样条曲线加载为驱动按以下步骤进行：

（1）在杆 1 与杆 2 的 *CM* 处各创建一个点驱动。按上文的方法，这里不再介绍。

（2）创建点驱动的运动形式。删除原始驱动，如图 7 - 20 中①下面的"MOTION_1"，然后按图中数字顺序，双击①处的"MOTION_2"，弹出②，一直到选择上面创建的"SPLINE_9"。完成杆 1 的 *CM* 点 x 方向位移驱动创建。

（3）需要提示的是，选择⑤处后，要点击⑤后的"Assit…"按钮，弹出⑥。在图中⑦处，变量应当是 time。

（4）用同样的方法创建其他驱动。

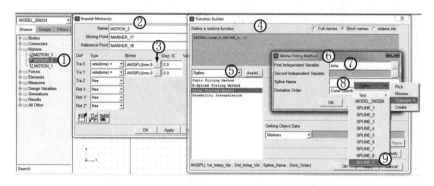

图 7-20　样条曲线驱动创建过程

（5）完成的 CM_1 与 CM_2 的驱动如图 7-21 所示。图中，CM_1 与 CM_2 处的驱动是位置驱动。当然，读者也可以根据需要，用上文介绍的方法创建速度或加速度驱动。在工程实践中，当设计人员规划一个系统时，已知条件很多时候只有一个末端，如本例中二杆机构是一个焊接机械手的话，杆 2 的右端圆驱动相当于形成一个圆形的焊缝。读者可以根据本文介绍的方法反求出主动驱动，即 CM_1 与 CM_2 的驱动，从而完成设计要求。这也是本文介绍的 ADAMS 轨迹驱动的意义所在。

完成轨迹驱动后，进行仿真，可以得出杆 2 右端关键点的轨迹如图 7-22 所示。这个轨迹是由杆 1 的 CM 驱动及杆 2 的 CM 驱动合成的。

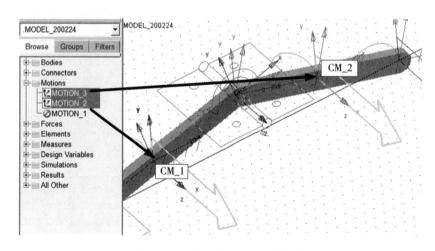

图 7-21　轨迹驱动创建完成模式

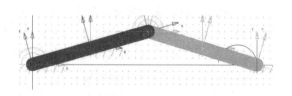

图 7-22　机械臂末端轨迹

（6）样条曲线数据的导出。双击图中要导出的样条曲线，弹出修改样条曲线对话框，选择所有的数据，然后右击、复制。然后创建一个 txt 文档，打开，直接粘贴，就可以将所有的数据创建成一个两列的纯文本格式文件，第一列为时间，第二列本例中是位置坐标。完成的数据导出如图 7-23 所示，这个格式的文件往往是工程设计中经常需要的源文件。

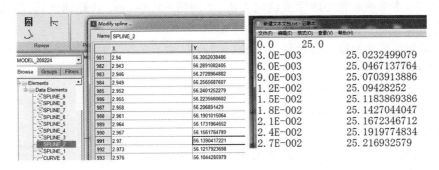

图 7-23　样条曲线数据导出窗口

7.3　焊接机械手的点驱动

本节以一个有 5 臂的焊接机械手为例来说明点驱动三维空间中的用法。如图 7-24 所示的机械手结构，假设其末端轨迹如图 7-25 所示。

图 7-24　焊接机械手模型。

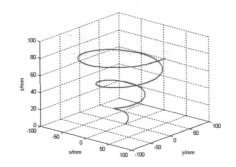

图 7-25　驱动轨迹

其理论轨迹方程为：

$$\begin{cases} x = at\cos\left(\dfrac{2\pi}{T}t\right) \\[2mm] y = at\sin\left(\dfrac{2\pi}{T}t\right) \\[2mm] z = \dfrac{S}{T}t \end{cases}$$

式中 t 为时间变量，S 为螺旋线导程，T 为运动周期，at 为 xy 平面上曲线投影的矢径。

此处取 $a=15$ mm，运动周期 $T=2.00$ s，导程 $S=30$ mm。

(1)创建模型。模型的创建可以在 ADAMS 软件中创建，也可以用第三方建模软件创建后导入，本书前面相关的章节说明方法，本例用 Solidworks 软件创建后，导入，如图 7-24 所示。

(2)添加模型的约束与运动副。在图 7-24 中，除了底板与大地是锁定约束外，其他的构件之间均为铰连。

(3)运动设置。点击"Motion"按钮，选择其下的
"General Motions"中的"general point motion"，如图
7-26 所示。

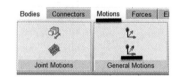

图 7-26　运动设置

在弹出的菜单中，在第一个选项框中，点击下拉的小三角形展开下拉菜单，选择"1　Location，Bodies，lmpl."选项，完成选择。在第二个选项框中，下拉菜单中，选择"Pick Geometry Feature"，完成选择。

然后在模型区域选择需要驱动的点，本例中选择焊接机构顶端点如图 7-27(b)所示，然后需要为运动指定方向，可以选择一个合适的方向，即鼠标再根据提示点击一个位置。如图中箭头所示，完成初步的驱动设置，在左侧的模型树一栏，点击"Motions"一项，其下会出现所设置的一个点驱动"MOTION_1"，双击这个图标，弹出菜单如图 7-28 所示。

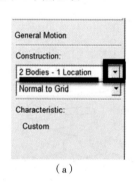
(a)

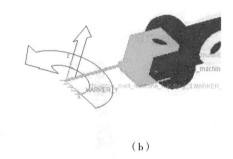
(b)

图 7-27　驱动设置

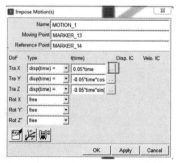

图 7-28　驱动函数设置

　　根据上面的理论轨迹公式,分别对机械机构末端的 x,y,z 轨迹进行设置,分别点击下拉小三角形,选择"disp(time)"项,点击展开虚线点,弹出对话框如图 7-29 所示,分别在图中①处输入函数,点击②进行画图验证,ADAMS 会将所输入的函数图形输出如③所示。

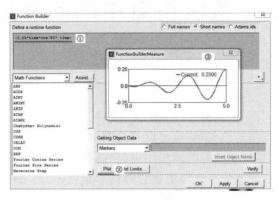

图 7-29　y 方向的轨迹设置

　　同样的方法,输入其他两个方向的驱动,完成点驱动的设置。

　　(4)仿真设置。点击菜单"Simulation",如图 7-30 所示,再选择下级命令设置,然后弹出菜单,将"End time"与"Steps",设置为合适的数字,例如本例中 End time 可以设置为 3s,steps 可以设置为 500。点击图示运行按键进行仿真。

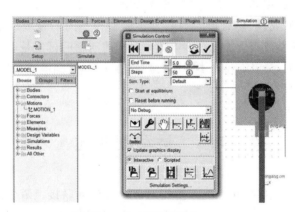

图 7-30　仿真设置窗口

　　(5)完成仿真后,焊接末端的轨迹曲线如图 7-31 所示。

图 7-31　焊接末端的轨迹曲线

第8章　机械仿真中的间隙副问题

机构中存在铰链间隙,对机构有两个方面的影响。一方面,它可以补偿制造、装配误差和机构运动过程中产生的热变形,也可以容纳润滑介质。另一方面,铰链间隙也会产生较大的负面效应:它破坏了机构的理想约束,使机构实际运动与理想运动之间产生了偏差,对静态机构来说,间隙的存在会影响它的位形精度,对精密机械来说,更需要考虑这一因素。

最值得注意的是,间隙在机构运动过程中所带来的动力学影响。由于间隙的存在,机构相互接触的副在运动过程中会产生碰撞,引起振动。碰撞产生的加速度、运动副作用力的幅值可能是理想运动状态下的几倍,有时甚至是几十倍,引起了机构的应力增加,导致了机构运动的不稳定。间隙在运动过程中会引发剧烈的噪声、振动与接触副表面的磨损,可能造成机构的损坏。

碰撞问题目前研究较多,碰撞问题的力学模型在不同的领域也存在不同的理论模型,碰撞过程的力学参数则更加复杂。本章节对间隙问题的讨论是以 ADAMS 软件提供的仿真工具为前提的,读者在参考本章所提到的方法时,应当明确研究对象的内涵,对仿真过程中涉及的参数进行合理的调整。

8.1　运动副简述

运动副是两构件直接接触并能产生相对运动的活动联接。两个构件上参与接触而构成运动副的点、线、面等元素被称为运动副元素。运动副有多种分类方法:

(1)按照运动副的接触形式分类。面和面接触的运动副在接触部分的压强较低,被称为低副,而点或线接触的运动副称为高副,高副比低副容易磨损。低副一般有转动副、移动副、螺旋副,高副有车轮与钢轨、凸轮与从动件、齿轮传动等。

(2)按照相对运动的形式分类。构成运动副的两个构件之间的相对运动若是平面运动则为平面运动副,若为空间运动则称为空间运动副,两个构件之间只做相对转动的运动副被称为转动副,两个构件之间只做相对移动的运动副被称为移动副。

(3)按照运动副引入的约束分类。引入一个约束的运动副被称为一级副、引入两个约束的运动副被称为二级副,还有三级副四级副五级副等。

(4)按照接触部分的几何形状分类。可以分为圆柱副、平面与平面副、球面副、螺旋副等。

8.1.1　ADAMS 中副类型

ADAMS/View 2015 共有 9 种 joints、5 种 primitives 约束、2 种 couplers 副及 3 个 special 约束。所有的约束副在现实中都能找到与其对应的物理模型,如铰接副、移动副等。每施加一个运动副可把两个零件联系起来,被连接的零件可以是刚体、柔性体和点质量,运动副可以被放置在模型中的任何位置。前文的表 3 - 5 中列出的即为常用的副及其功能。

运动约束通过对模型施加运动来实现对模型的约束,一旦定义好运动后,模型就会按照所定义的运动规律进行运动,而不考虑实现这种运动需要多大的力或力矩。

8.1.2　ADAMS 副中的力

在 ADAMS 中,通过 Connections 创建的副,均为理想的副,其作用是约束自由度,让相互作用的构件按不同的要求进行运动。所谓理想的副,即副中两个或多个接触点、线或面之间的接触是连续的,不会分离,接触面之间没有间隙,相互接触的元素之间不会出现冲击现象。副的主要功能是约束自由度,副中最重要的因素是作用力的

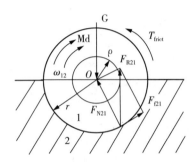

图 8 - 1　ADAMS 旋转副的力分析

分析,以 ADAMS 中的旋转副为例来说明,图 8 - 1 是 ADAMS 手册中关于旋转副的力分析。接触的副中,除了径向力以外,还有接触面摩擦的力。

ADAMS 将摩擦力分为三类,具体如下:

1. 动摩擦力(Dynamic friction)

如果铰链的速度幅值是黏滞转动速度的 1.5 倍以上时,铰链处于动摩擦状态,动摩擦力用动摩擦系数来计算。

2. 动摩擦与静摩擦中间状态(Transition between dynamic and static friction)

如果铰链的速度处于 1 到 1.5 倍的黏滞转动速度之间时,那么铰链副之间的摩擦处于一种介于动摩擦与静摩擦之间的状态。摩擦力的计算需要分步计算,摩擦系数也是根据动、静摩擦系数分步确定。

3. 静摩擦(Static friction)

如果铰链的速度低于黏滞转动速度的话,铰链处于静摩擦状态。有效的静摩擦系数用铰链爬行、铰链速度及静摩擦系数来计算。

双击创建的铰链或右击创建的铰链,选择"Modify Joint",弹出如图 8 - 2 所示窗口,展示的是一个移动铰链的各项内容。双击图中 1 处,弹出图 8 - 3 所示的窗口。在此窗口可以对移动副中系统自定义的摩擦选项进行修改。

如图 8 - 3 所示为摩擦力计算的各个选项,因为图示中为移动副,所以图中①处所示为 Stiction Transit-ion Velocity。如果是转动副的话,图中①处是 Stiction Revolute Velocity。此速度系统默认为 0.1,这个值是针对 ADAMS 中默认材料钢而设定的。读

者可以修改这个值,但修改应当根据接触副之间的材料不同进行修改,给出的数值应当要有可靠的实验依据,其结果才可能是可靠的。

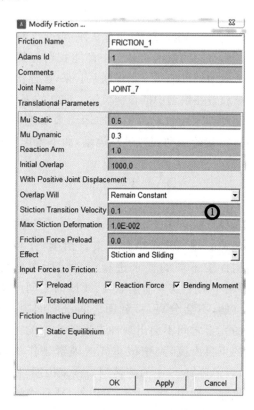

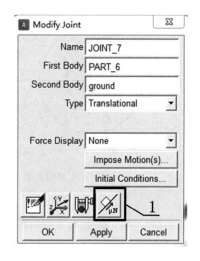

图 8-2　铰链定义中各个选项窗口　　　　图 8-3　移动副中摩擦力的定义项目

　　铰链副中的力有两类,一类是单元力(element force),一是单元扭矩(element torque)。如图 8-4 所示,分别按图中从左到右的顺序进行选择,最后点击"Add Curves",便可获得如图 8-5 所示的单元力结果。单元力矩的获得方法相同,在图中的"Characteristica"栏中选择"Element _Torque"选项即可。

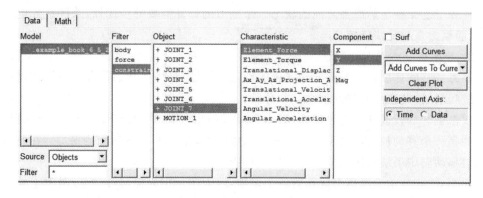

图 8-4　单元力-力矩窗口

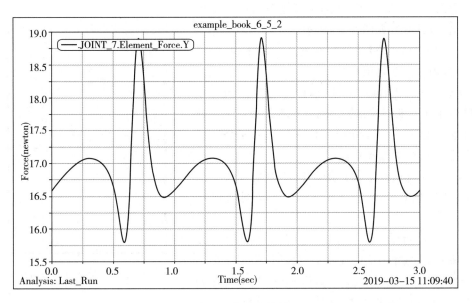

图 8-5　单元力结果

8.2　有间隙副的机构仿真

8.2.1　接触模型

ADAMS 中的接触力用于分析运动副之间,接触的两个接触面之间的相互作用关系。在 ADAMS 中定义了两类接触力:

(1)二维接触力;

(2)三维接触。

ADAMS 用两种方法计算法向力:

(1)基于回归的接触算法;

(2)基于碰撞函数的接触算法。

ContactForce 运用两种不同的方法计算法向力:

(1)基于回归的接触算法(Restitution-base contact)。ADAMS/Solver 用这种算法通过惩罚参数与回归系数计算接触力。惩罚参数施加了单面约束,回归系数决定了接触时的能量损失。

(2)基于碰撞函数的接触算法(IMPACT-Function-based contact)。ADAMS/Solver 运用 ADAMS 函数库中 IMPACT 函数来计算接触力。

点击力按钮,在特殊力栏中,选择"Contact Force",弹出"Create Contact"对话框,图8-6 为对话框截取的部分内容。

下面对应用较广的 Impact 型接触力的各参数作一说明,其参数如图 8-6 所示。

(1) Stiffness,指定材料刚度。一般来说,刚度值越大,积分求解越困难。

(2) Force Exponent,用来计算瞬时法向力中材料刚度项贡献值的指数。通常取 1.5 或更大。其取值范围为 Force Exponent 不小于 1,对于橡胶可取 2 甚至 3;对于金属则常用 1.3～1.5。

(3) Damping,定义接触材料的阻尼属性。取值范围为 Damping 不小于 0,通常取刚度值的 0.1%～1%。

(4) Penetration Depth,定义全阻尼(Full Damping)时的穿透值。在零穿越值时,阻尼系数为零;ADAMS/Solver 运用三次 STEP 函数求解这两点之间的阻尼系数。其取值范围为 Penetration Depth 不小于 0。

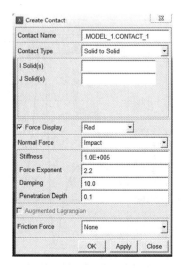

图 8-6 接触设置窗口

库伦摩擦的内涵:

(1) Coulomb Friction。指定摩擦模型为 Dynamic Friction,而不是 Stiction。

(2) Static Coefficient (MU_STATIC)。是当接触点滑动速度小于 Stiction Trasition Velocity 值时的摩擦系数,取值范围为 MU_STATIC 不小于 0。

(3) Dynamic Coefficient (MU_DANAMIC)。是当接触点滑动速度大于 Friction Transition Velocity 值时的摩擦系数,取值范围为:0≤MU_DANAMIC≤MU_STATIC。

(4) Friction Transition Velocity,用在库伦摩擦中。当滑动速度逐渐增大时,摩擦系数从 MU_STATIC 到 MU_DANAMIC 逐渐变化。当滑动速度等于 Friction Transition Velocity 指定值时,摩擦速度为 MU_DANAMIC。过小的 Friction Transition Velocity 值将导致积分困难,一般 Friction Transition Velocity 不小于 5error,其中 error 为积分误差,其默认值为 1×10^{-3},取值范围 Friction transition velocity≥Stiction Transition Velocity>0。

(5) Friction Transition Velocity,用在库伦摩擦中。当接触点滑动速度逐渐减小时,摩擦系数从 MU_DANAMIC 到 MU_STATIC 逐渐变化。当滑动速度等于 Stiction Transtion Velocity 指定值时,摩擦系数为 MU_STATIC。过小的 Stiction Transition Velocity 值会导致积分困难,一般 Stiction Transition Veloctity≫error。取值范围为:0≤MU_DNANMIC≤MU_STATIC。

8.2.2 接触模型定义

1. 连续接触模型(间隙杆模型)

假定运动副元素始终处于连续接触状态,忽略运动副元素的微小变形和运动副间的摩擦力,将间隙视为无质量的刚性杆——间隙杆,将原来的含间隙机构转化为多杆多自由度无间隙机构,用拉格朗日方程可以推导其运动方程,理想的无间隙运动副模型如图 8-7 所示。

由于连续接触模型不考虑运动副元素间接触状态的变化,从而使分析和计算大大简化。但是,这种方法避开了运动副中的一些参数,如刚度系数、阻尼系数、摩擦系数和恢复系数等。因而不能准确地反映运动副元素间的碰撞特性,难以描述运动副元素间的动力学特征。

2.“接触-自由”模型

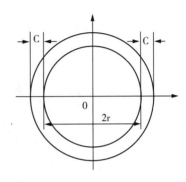

“接触-自由”模型是指将运动副元素间的相对运动状态分为接触和自由两种状态,针对运动副元素的这两种状态,以牛顿力学为基础建立系统的动力学方程,并在考虑接触状态时,计入运动副元素接触表面的弹性和阻尼,如图 8-8 所示。

“自由-接触”模型相比连续接触模型计入了运动副元素接触表面的物理性质,相对准确地描述了间隙的特征,但是它忽略了运动副元素之间的碰撞特性,因而也有它不完善的一面。

图 8-7　理想的无间隙运动副模型

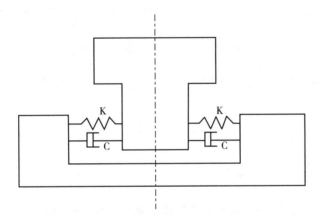

图 8-8　“自由-接触”模型

3.“自由-碰撞-接触”模型

“自由-碰撞-接触”模型是指将运动副元素的相对运动状态分为自由、碰撞和接触三种状态。在一个运动周期中,当运动副反力变为零时,销轴和轴套发生分离处于自由状态,销轴在自由运动后与轴套发生碰撞,第一次碰撞后销轴和轴套还要经历一个反复碰撞并且碰撞不断减弱的过程即一个过渡阶段,最后相互保持接触状态。“自由-碰撞-接触”模型分析的关键是必须先给出运动副元素材料弹性碰撞的恢复系数,然后根据动量定理建立运动方程计算出系统的动力响应。

“自由-碰撞-接触”模型相比连续接触模型和“自由-接触”模型更加逼近真实的间隙,因此,利用这种模型得到的分析结果更准确可靠。但是由于冲击碰撞的作用时间不容易确定,所以无法直接计算运动副的冲击力,只能利用冲量来衡量冲击的大小。这种模型建模比较复杂,计算也不稳定,当机构中有多个间隙的机构时,仿真难以实现。

这种模型碰撞力的计算,目前有多种理论或力学模型。相关的文献较多,计算理论与方法也不尽一致,目前对碰撞力的计算,有一些文献或仿真软件采用下面的方法进行。

如图 8-9 所示,定义轴的最大运动圆心的半径为 r,实时的偏心半径为 e,一般的情况下,下式成立:

$$\begin{cases} e-r<0 & 未接触 \\ e-r=0 & 开始接触 \\ e-r>0 & 销轴或轴套开始接触并开始变形 \end{cases}$$

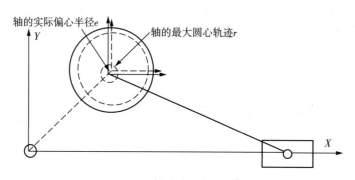

图 8-9 "自由-碰撞-接触"模型

进一步定义: $\delta=e-r$,则一般用下面的公式来计算接触力:

$$F_N = \begin{cases} K\delta^n + \text{step}(\delta,0,0,d_{\max},c_{\max})\dfrac{\mathrm{d}\delta}{\mathrm{d}t},\delta>0 \\ 0,\delta<0 \end{cases} \tag{8-1}$$

其中,K 是等效刚度系数,取决于构件接触处的材料与接触半径。其计算公式如下:

$$K = \frac{4}{3\pi(h_i+h_j)}R^{\frac{1}{2}} \tag{8-2}$$

其中:

$$R = \frac{R_i R_j}{R_i+R_j},h_k = \frac{1-v_k^2}{\pi E_k}(k=i,j) \tag{8-3}$$

式中: h_k 代表 k 物体的材料参数,E_k 表示 k 物体的弹性模量,v_k 代表 k 物体的泊松比,R_i 代表在碰撞时两物体的接触半径。δ 为碰撞深度,碰撞指数 n 表示材料的非线性程度,金属材料一般取 1.5,阻尼系数是 δ 的阶跃函数,由 step 函数确定,阻尼 $c_{\max}$ 一般取值为刚度系数 K 的 0.1% ~ 1%,切入深度 $d_{\max}$ 一般取推荐值 0.01 mm。

8.3　曲柄滑块机械系统间隙结构仿真

曲柄滑块机构是最常见的传动装置之一。曲柄滑块机构广泛应用于往复活塞式发动机、压缩机、冲床等主机构中,把往复移动转换为不整周或整周的回转运动。压缩机、冲床以曲柄为主动件,把整周转动转换为往复移动。

在 ADAMS 中,曲柄滑块机构的仿真最为典型,在进行间隙绞仿真时,一般的方法是在轴与销实体模型间建模时按实际间隙进行建模,然后按 ADAMS 规则定义接触关系。

8.3.1　建模

由于 ADAMS 建模功能相对较弱,所以为了方便,用 Solidworks 建模,然后导入到 ADAMS 中。

Solidworks 曲柄滑块机构模型如图 8-10 所示。为了测试间隙,建模时,曲轴上的销一边建模时动力柄与销的单侧间隙为 0.025 mm,与滑块相接的摇杆与销的单侧间隙为 0.05 mm。然后将模型另存为后缀为 step 或 xt 格式的文件,备用。

然后打开 ADAMS 软件,点击"file",选择"import",弹出的对话框如图 8-11 所示,在"File Type"中,下拉选项选择 txt 文件,在"File to Read"空白框中右击,选择"Browse"选项,如图 8-12 所示。

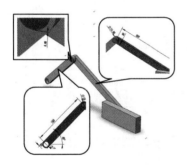

图 8-10　曲柄滑块机构模型

图 8-11　模型导入对话框一

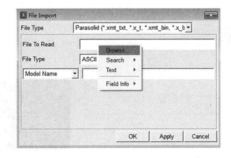

图 8-12　模型导入对话框二

在弹出的"Select File"对话框中,找到上面保存的文件,点击打开,如图 8 - 13 所示。

图 8 - 13 模型导入对话框三

　　然后回到"File Import"对话框,在"Model Name"空白框中右击,选择"Create"项,再点击"OK"按钮,如图 8 - 14 所示。完成文件导入后的模型如图 8 - 15 所示。

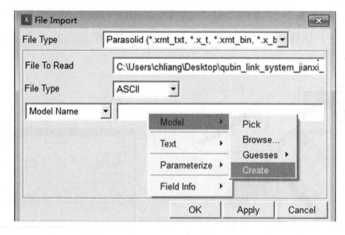

图 8 - 14 模型导入对话框四

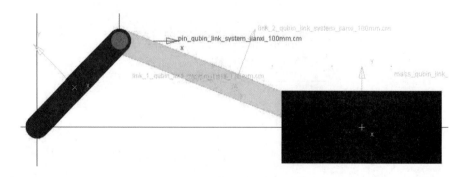

图 8 - 15 导入后的模型

8.3.2　约束与运动副设置

ADAMS 的约束形式有运动结束或者高级机械传动,还有一类约束就是力的碰撞形式——接触力。在本例中,共有以下几种形式的约束:

(1)旋转副。动力柄与支架的连接为理想旋转副,连杆与滑块之间设一个理想旋转副。如图 8-16 所示。

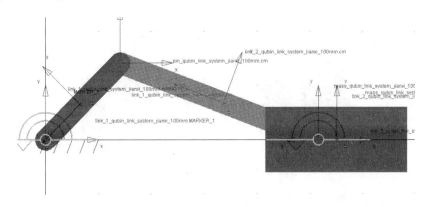

图 8-16　曲柄连杆理想旋转副

(2)在平面约束。Planar Joint 平面副这个可以定义在平面上移动,但是可以转动,这个约束相当于将质量块约束在地面上滑动。基本操作步骤如图 8-17 所示。其中第 3 步选择 Pick Geometry Feature,第 4、5 步分别选择质量块与大地,其中 5 块在模型空白区点击,表示选择大地。第 6 步选择约束的点,第 7 步选择"在平面"约束中平面的法线方向。

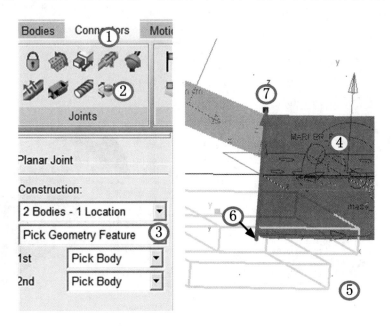

图 8-17　Planar Joint 操作步骤

为了防止销在仿真过程中侧向移动,还需要在杆 1 的侧平面与销的侧平面(即屏幕面)上加一个平面的虚拟约束。

8.3.3　接触力的设置

测量接触力的前提是模型的轴与销之间应当有间隙。理想的接触副不考虑碰撞力,只有模型之间有间隙时,才会产生碰撞力。构件模型设置如图 8-18 所示。

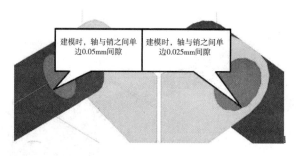

图 8-18　接触的构件模型设置

接触力的设置如图 8-19 所示,采用的计算模型为 Impact 模型。其基本参数如果没有实际的试验参数保证,建议采用默认的参数进行仿真。完成后的模型如图 8-20 所示。

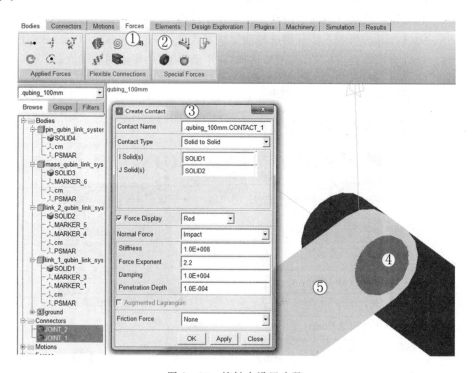

图 8-19　接触力设置步骤

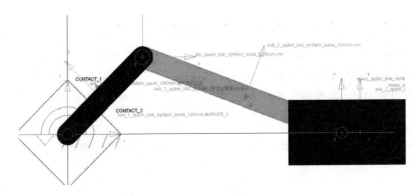

图 8-20　完成后的模型

8.3.4　仿真与后处理

1. 曲柄连杆机构的仿真需要初始转速的输入

其设置的方法步骤如图 8-21 所示。完成后,可以修改速度驱动大小与形式。双击图中的"Motion"按钮,弹出图 8-22,按图中的步骤进行修改。关于 ADAMS 中各种函数的用法请读者参看其他资料或文件。

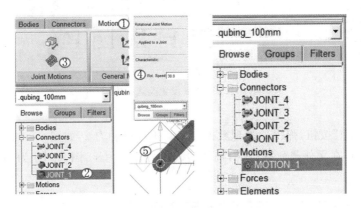

图 8-21　速度驱动设置与修改

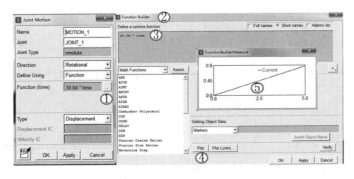

图 8-22　速度修改

2. 仿真参数设置

上述设置完成后，点击"Simulation"按钮，如图 8-23 所示，点击图中②，弹出菜单③，设置④及⑤处的参数，一般情况下，仿真时间读者可以按实际情况设置，而 steps 需要设置大一些，比如设置 1000 步以上（建议的时间步在 0.001 以下或更小为宜）。关于对仿真初始条件的计算，读者需要根据自己的模型进行选择，例如点击 6 处的某一个按钮。最后点击 7 处运行仿真，进行模型计算，如图 8-23 所示。

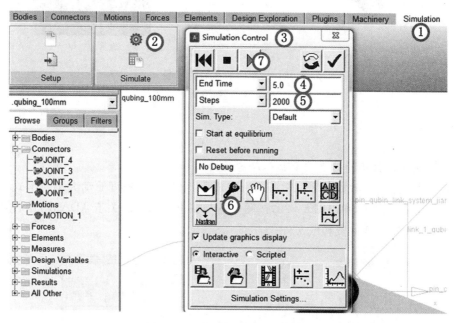

图 8-23　仿真设置及运行窗口

3. 后处理

点击"Result"按钮，弹出后处理数据窗口。选择接触力 2，如图 8-24 所示，FX 方向的力，可以看出，在无外载荷状态下，轴销的碰撞力并不明显，图 8-25 为图 8-24 局部放大的结果。

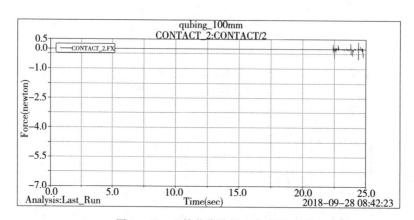

图 8-24　无外载荷接触力仿真图一

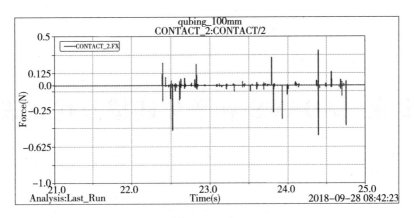

图 8-25　无外载荷接触力仿真图二(局部放大)

考虑添加一个正态分布的载荷,在滑块上加一水平方向的力 $F=20\times\sin(\text{time})$,如图 8-26 所示,得出的接触力仿真图如图 8-27 所示。可以看出,一个小的外载荷会产生极大的碰撞力。

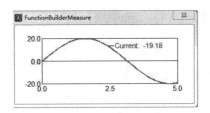

图 8-26　外载荷曲线

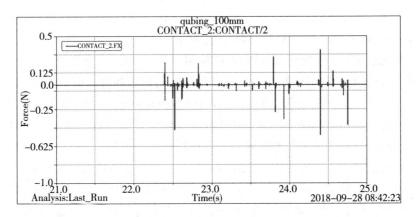

图 8-27　有外载荷接触力仿真图

第9章　ADAMS 参数化建模及优化设计

ADAMS/View 提供了三个层次的参数化分析方法：设计研究（Design study）、试验设计（Design of Experiments，DOE）和优化分析（Optimi - zation）。除了这三个工具外，ADAMS 还有专门的分析模块 ADAMS/Insight，用于设计分析与优化。

9.1　ADAMS 参数化建模与分析简介

ADAMS 具有独特的参数化建模功能。在创建模型之前，应当根据分析需要，设计出相关的关键变量，根据 ADAMS 分析规则，将这些关键变量设置为可以改变的设计变量。在分析时，只需要改变这些设计变量值的大小，虚拟样机模型可以在分析过程中自动得到更新。ADAMS 也可以由程序预先设置好一系列可变的参数，ADAMS 自动进行系列仿真，以便于观察不同参数值下样机性能的变化。进行参数化建模时，确定好影响样机性能的关键输入值后，ADAMS/ View 提供了 4 种参数化的方法：

（1）参数化点坐标。在建模过程中，点坐标用于几何形体、约束点位置和驱动的位置。点坐标参数化时，修改点坐标值，与参数化点相关联的对象都得以自动修改。

（2）使用设计变量。通过使用设计变量，可以方便地修改模型中的已被设置为设计变量的对象。例如，我们可以将连杆的长度或弹簧的刚度设置为设计变量。当设计变量的参数值发生改变时，与设计变量相关联的对象属性也得到更新。

（3）参数化运动方式。通过参数化运动方式可以方便地指定模型的运动方式和轨迹。

（4）使用参数表达式。使用参数表达式是模型参数化的最基本的一种参数化途径。当以上三种方法不能表达对象间的复杂关系时，可以通过参数表达式来进行参数化。

参数化的模型可以使用户方便地修改模型而不用考虑模型内部之间的关联变动，而且可以达到对模型优化的目的，参数化机制是 ADAMS 中重要的机制。

参数化分析有利于了解各设计变量对样机性能的影响。在参数化分析过程中，根据参数化建模时建立的设计变量，采用不同的参数值，进行一系列的仿真。然后根据返回的分析结果进行参数化分析，得出一个或多个参数变化对样机性能的影响。再进一步对各种参数进行优化分析，得出最优化的样机。

9.2　虚拟样机设计研究与优化简介

1. 虚拟设计

为了研究机械结构的性能,采用虚拟样机进行设计可以提高设计效率。建立参数化模型,选取不同的设计变量,虚拟样机的研究方法是改变设计变量值的大小,并采用仿真的方法,研究样机的性能变化情况。在设计研究过程中,设计变量按照一定的规则在一定的范围内进行取值,根据设计变量值的不同,系统进行一系列仿真分析,并在完成设计研究流程后,输出各次仿真分析的结果。通过对分析结果的研究,设计人员可以得到如下的结果:

(1)设计变量的变化对样机性能的影响。

(2)设计变量的最佳取值。

(3)设计变量的灵敏度,即样机的性能对设计变量值变化的敏感程度。

2. 虚拟研究

试验设计(Design of Experiments,DOE)考虑在多个设计变量同时发生变化时,各设计变量对样机性能的综合影响。试验设计包括设计矩阵的建立和试验结果的统计分析等。传统的 DOE 是费时费力的。使用 ADAMS 的 DOE 研究可以增加获得结果的可信度,并且在得到结果的速度上比试错法试验或者一次测试一个因子的试验更快,研究人员可以快速得到虚拟样机的机械系统性能,并以此指导设计方案及优化设计。

通常来说,设计一台机械产品,需要考虑的因素很多。传统的设计或者简单的设计问题,一般采用经验知识,试错法或者施加强力的方法混合使用,可以用来探究和优化机械系统的性能,其代价是时间成本或价格成本。当设计方案或者设计要素增加时,传统的方法难以快速地得出系统化、通用程度高的结果。如果采用一次改变一个因素(也称设计参数,Factors)的方法研究,难以得到不同因素之间相互影响的信息。为了提高设计效率及设计质量,ADAMS 提供一个定制计划和分析工具来进行一系列的试验,这个模块被称为 ADAMS/Insight,它用于帮助设计人员确定相关的数据并进行综合分析,自动完成整个试验设计过程。

如果设计人员进行多次仿真,测试多个不同的因素会得到大量的输出数据,那么这些数据结果则需要设计人员自行评估数据结果。总的说来,ADAMS 中的 DOE 是安排试验和分析试验结果的一整套步骤和统计工具,DOE 一般有以下五个基本步骤:

(1)确定试验目的。一般需要确定的因变量应当是对系统影响最大的因变量,例如对一根轴来说,轴的强度或寿命可以作为分析的目标。

(2)确定设计变量集。选择可能会影响设计目标的变量,并设计某种方法来测量系统的响应。一般来说,这个过程可能会重复,变量也可能增加或改变,主要原因是一开始设计人员并不清楚敏感的变量。

（3）确定变量的取值范围。在试验中，变量应当给定一个变化范围，以方便地考察对试验的影响。

（4）记录试验分析结果。进行试验分析，并将每次运行的分析结果进行记录。

（5）综合分析。根据上面结果，总结变量对系统设计目标影响最大最敏感的变化范围或取值。

对设计试验的过程的设置称为建立矩阵试验（设计矩阵）。设计矩阵的列表示因素，行表示每次运行，矩阵中每个元素表示对应因素的水平级（即可能取值因子，Levels），是离散的值。设计矩阵给每个因素指定每次运行时的水平级数，只有根据水平级才能确定因素在运算时的具体值。

3. 优化分析

优化是指在系统变量满足约束条件下使目标函数取最大值或者最小值。目标函数是用数学方程来表示模型的质量、效率、成本、稳定性等。使用精确数学模型的时候，最优的函数值对应着最佳的设计。目标函数中的设计变量对需要解决的问题来说应该是未知量，并且设计变量的改变将会引起目标函数的变化。在优化分析过程中，可以设定设计变量的变化范围，施加一定的限制以保证最优化设计处于合理的取值范围。

另外对于优化来说，还有一个重要的概念是约束。有了约束才使目标函数的解为有限个，有了约束才能排除不满足条件的设计方案。

通常，优化分析问题可以归结为：在满足各种设计条件和在指定的变量变化范围内，通过自动地选择设计变量，由分析程序求取目标函数的最大值或最小值。

虽然 Insight 也有优化的功能，但两者还是有区别的，并且互相补充。试验设计主要研究哪些因素的影响比较大，并且还调查这些因素之间的关系，而优化分析着重于获得最佳目标值。试验设计可以对多个因素进行试验分析，确定哪个因素或者哪些因素的影响较大，然后，可以利用优化分析的功能对这些影响较大的因素进行优化，这样可以达到有效提供优化分析算法的运算速度和可靠性。

9.3 设计分析实例

在仿真建模的时候需要提供一个良好的创建模型、修改模型机制，当设计人员需要对某个模型数据进行改变时，可以方便地修改数据，与之相关联的数据也随之改动，并最终达到优化模型的目的。本节用一个刹车机构为例，介绍 ADAMS 的参数化设计与优化方法。

图 9-1 为一刹车机构。在设计此机构时，要求此机构在工作时，至少具有1000 N 的刹紧力，刹车的输入力不能大于 100 N。机构工作过程中存在震动时，也能够可靠地工作。

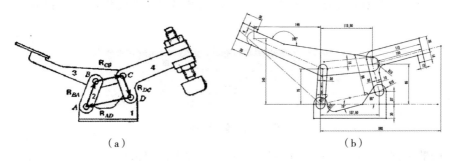

图 9-1　刹车机构

9.3.1　参数化建模过程

采用参数化点的方式来建模时,参数化点主要提供多体系统模型中各个对象(部件、约束、标架、力、力元等)的位置坐标,通过修改这些参数化点来完成模型的优化或分析。因此在用参数化点方式进行参数化建模时,创建参数化的点是最基本的要素。表 9-1 为图 9-1 模型中关键点的参数化座标。参数化点方式建模的步骤大致为:

确立参数化点→创建参数化点→创建模型部件→创建联接关系→创建驱动、力或者力元。

1. 确定参数化点(见表 9-1)

参数化点的确立主要考虑两个方面:

(1) 能为模型对象位置和方向定位;

(2) 根据点能创建模型可视化几何实体。

表 9-1　刹车机构参数化建模参数点

	x	y		x	y
底座	−15	−30	左杆(link)	0	0
	−15	0		5	75
	0	15			
	33.86	−15.12	右杆(link)	127.5	27
	90.28	0		112.5	85
	115.2	35.6		222.66	106.35
	142.5	27			
	142.5	−30	左踏板	112.5	85
				5	75
				176	156.5

2. 创建参数化点

在 ADAMS 中,参数化点用一般点功能来创建。点击一般点,如图 9-2 所示。单击一次只能创建一个点,双击一般图标,可以连续创建点,然后修改坐标位置为需要的位置。

图 9-2　创建一般点

点的数量创建完成后,双击其中任意一个点,弹出点表窗口,如图 9-3 所示。直接修改点表位置,就可以完成一般点的创建。

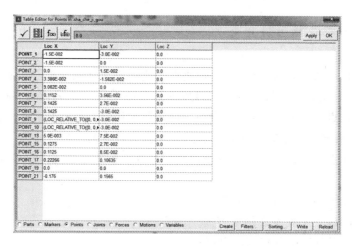

图 9-3　修改点表窗口

3. 建模过程

点击"Bodies"菜单,在"Construction"栏中选择方框 1 处折线创建命令,选择方框 2 处的选项,然后连接点 1-9,封闭曲线,右击完成创建如图 9-4 所示。

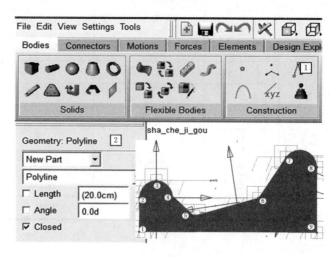

图 9-4　创建底座过程 1

　　然后选择拉伸按键,选择"Add to Part",拉伸"Profile"选项选择"Curve","Path"选项选择"About Center",然后选择刚才创建的封闭折线,完成拉伸底座。点 2,3,4 与 7,8 处的圆角需要另外用 Link 建模,图中的结果是用 Link 建模加在一起后的效果如图 9-5 所示。

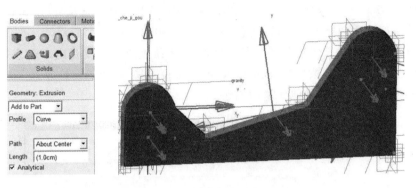

图 9-5　创建底座过程 2

　　根据图 9-1,完成的模型如图 9-6 所示。除了底座外,其他模型部分都是用 Link 完成的。只是后两个在创建时,需要把两个 Link 加在一起。

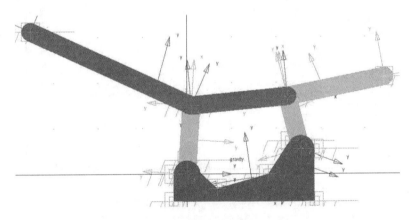

图 9-6　刹车机构参数化模型

9.3.2　参数化分析过程

　　为了进行参数化设计,需要将相关参数设置为参数分析过程中可以变化的变量。ADAMS 变量设置的基本方法如下:

　　(1)模型的结构分析

　　根据结构特点与设计要求,分析上文创建的参数化点中对设计要求可能存在较大影响的参数点,在本案例中,根据机械原理的基本知识可知,点 13,15,16,17,19,21 对夹紧力可能存在较大的影响。

　　(2)变量设计方法

　　选择左侧模型项目区,点击"Ground"区前的"＋"号,展开点区,如图 9-7 中的①处所示,双击其中任一个 Point,弹出点表。或者在模型空间中直接点击任一个点,也可以弹出点表"Table Editor for Points"。然后按下面步骤进行操作,创建变量:

① 在点表中,选择需要创建的变量,如图 9-7 中②处;

② 图 9-7 中③处,然后右击,在弹出的菜单中,选择参数化选项(parameterize);

③ 然后按顺序选择创建变量、实数,如图 9-7 中④所示。

④ 点击"OK",完成变量设置。完成变量后,系统变自动给变量起个名字,这个名字在本例中是唯一的,如本案例是(. sha_che_ji_gou. DV_1),不能随意修改。

⑤ 同样的方法,完成其他变量的创建

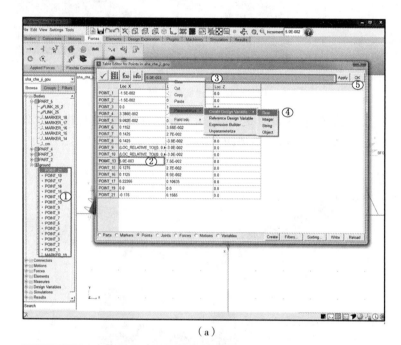

(a)

(b)

图 9-7　变量创建窗口

（3）约束与测量力等变量创建。

① 旋转副的创建。用来连接各个 Link 的旋转位置，创建方法如图 9-8 所示。为了测量力或者其他的设计变量，有时要得到一些变量结果，需要创建一些测量项。在此案例中，可以添加一个适当弹性与刚度的弹簧，用来测量夹紧的弹簧力。为了测量机构的工作行程，还可以创建一个长度测量项目。

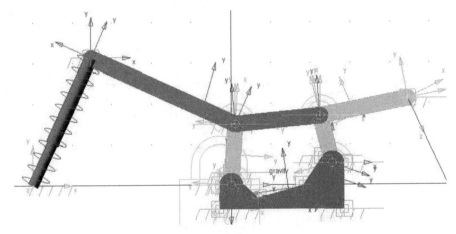

图 9-8　旋转副与弹簧创建

② 测量项的创建。行程项的测量，可以用弹簧的位移变化来代替，也可专门创建一个点对点的测量项目。基本方法如图 9-9 所示，点击①处的"design explorer"，选择②处的圆规符号，弹出③处的测量项创建对话框，要求在⑤与⑦处分别选择两个点，⑤处的点对应选择④处的拐臂上的点，⑦处的点对应选择底座上的点（选择时此二处存在多个可选点，可以右击鼠标，弹出多选对话框，在其中选择需要的点），点击"OK"按钮，完成测量项创建，结果如⑧处所示。

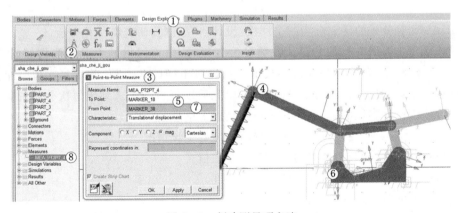

图 9-9　创建测量项方法

可以测试一次仿真运行，观察测量项目的运行结果。如图 9-10 所示，"End Time"设置为 1 s，"Steps"设置为 500，运行后，其结果如图 9-10（a）所示。

定义弹簧时，系统自动创建的项目有三个，弹簧力、变形与速度。实时的变形变化也可以作为一个测量项目，其运行的观察结果如图 9-11 所示。

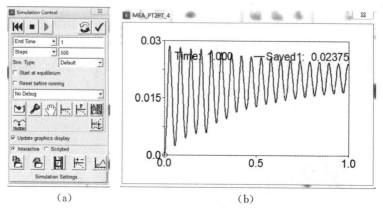

（a）　　　　　　　　　　　（b）

图 9-10　测试长度测量项运行结果

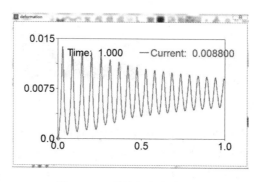

图 9-11　弹簧长度变化项目

9.3.4　设计研究,试验设计及优化分析

ADAMS 对分析的研究分为三个层次:设计研究、试验研究与优化分析。

设计研究主要研究在某个设计参数发生变化时,虚拟样机的主要性能将如何变化。在设计研究过程中,在特定范围内对某个参数设置不同的几个值,然后每次取一个不同的设计参数值自动进行仿真分析,完成设计研究后以报表的形式列出每次分析的数据结果。通过分析设计参数的影响,用户可以得到以下信息:

(1)在设计参数的变化过程中虚拟样机性能的变化情况。

(2)在指定参数的分析范围内找到最佳参数值。

(3)设计参数对虚拟样机性能的近似敏感度。

设计研究的基本过程如下:

(1)对单个设计变量,在其取值范围内改变数值。

(2)对每次取值做相应的仿真计算。

(3)对每次仿真做出测量报告。

可以得到如下结果:

(1)得到设计变量的最佳数值。

（2）得到设计变量的近似设计敏感度（测量结果相对于变量的变化率）。

ADAMS 提供的工具可以建立目标函数与变量之间的关系。事实上，ADAMS 通过变量值的变化，测量目标函数的值，进而确定变量对目标函数的影响结果。这种处理方法既简单，且容易理解，不会出现复杂的数学模型问题。

ADAMS 对变量值的输入可以直接由系统按规定的等级输入，也可以手动输入。创建一个设计分析过程的基本步骤如下：

如图 9-12 所示，点击①处按钮，弹出②处的设计研究工具条，右击③处的空白栏，然后在下拉菜单中选择"Measure"→"Guesses"，在下拉的目标函数中选择一下，本例选择的是"spring_1.force"，完成目标函数的选择。然后在④处空白栏右击，在下拉菜单中选择"Variable"→"Guesses"，在展开的变量中选择一个变量，④上面的选择如果是"Design Study"的话，④处只能选择一个变量，用于测试目标函数与此变量之间的关系。比如选择 DV_2，点击图中⑤，开始进行测试分析。

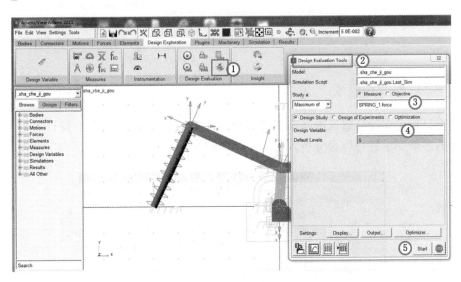

图 9-12　优化函数的设置

图 9-13 为设计研究的结果曲线，曲线表示变量值变化与力变化的结果。比如在本例中，通过分析可知，对弹簧力有影响的变量为 DV_7，DV_11，DV_8，其他的变量影响较小或没有影响，那么，可以将这三个变量作为最终的分析对象。

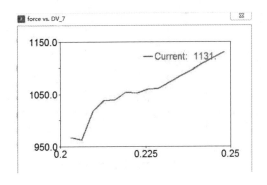

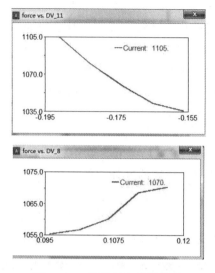

图 9 - 13　设计研究结果曲线

9.3.5　优化分析

　　优化分析是在设计研究的基础上进行的。根据设计研究结果,将对设计目标函数影响较大的多个变量进行综合分析。基本步骤如图 9 - 14 所示。

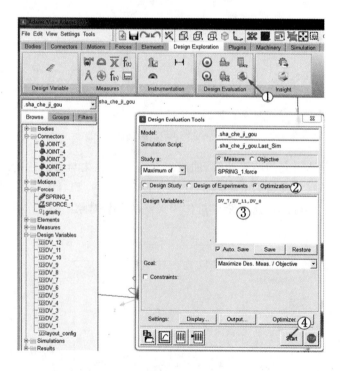

图 9 - 14　优化分析基本步骤

　　分析结果如图 9-15 所示,图 9-16 是对应的变量变化结果图,对应最大力的分析结果可以寻得三个变量的坐标结果。单个变量的运行过程可以在后处理的优化计算结果中找到,在优化计算过程中,可以设置一下最大的迭代步数,设置多一些步数对结果分析是有益的。

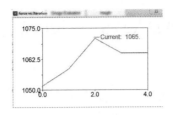

图 9-15　力与迭代步数分析结果

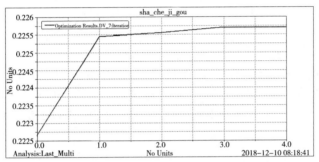

（a）DV_7 变量迭代过程

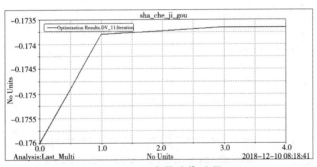

（b）DV_11 变量迭代过程

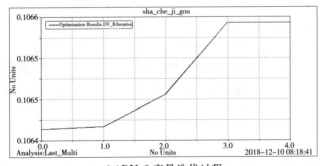

（c）DV_8 变量迭代过程

图 9-16　三个变量变化结果图

从图 9-15 与图 9-16 的对应关系中可以寻找规律。在图 9-15 中,当 X 坐标为 2.0 时,设计目标达到最大值,对应的图 9-16 中,可以找到 X 坐标为 2.0 时各个参数的具体取值。

9.4　ADAMS/insight 优化设计

ADAMS/insight 针对的优化目标有两种,一种是测量项(measure)优化,另外一种是目标对象(object)优化。

9.4.1　优化目标创建

1. 测量(Measure)的建立

ADAMS 提供多种创建 Measure 项目的工具,如图 9-17 所示,常用的主要由两点之间的测量(Point-to-Point)和角度的测量(angle)。用户可以通过左侧导航栏中已创建的测量项目,打开创建好的测量项目,可以进行测量项目的修改和图线显示。

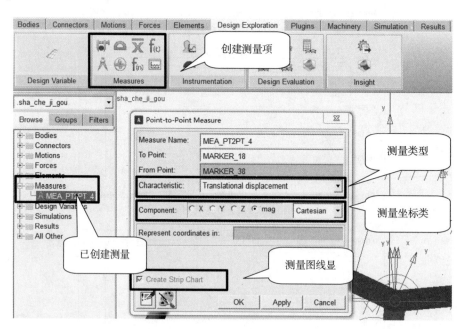

图 9-17　测量的建立

2. 目标对象(Object)的建立

通过图 9-18 的目标对象创建和编辑对话框,完成目标对象的建立和修改。此时,在定义类型及对象栏中,一定要指定 Measure 对象作为优化或分析的目标函数。

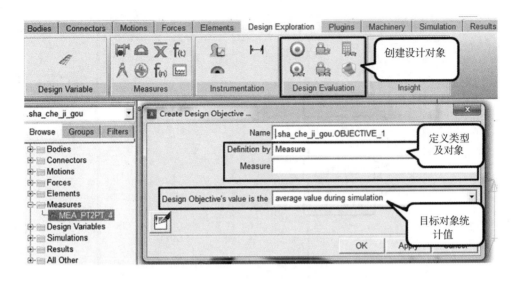

图 9 - 18　目标对象的创建

9.4.2　参数敏感度分析

1. 打开 ADAMS/insight 模块

首先对模型进行仿真,然后点图 9 - 19 中"Design Exploration""insight""Export"…,打开分析文件保存对话框,如图 9 - 19 所示,修改分析文件名后,按"OK",创建分析文件(xml 文件),并进入 ADAMS/insight 模块,如图 9 - 20 所示。

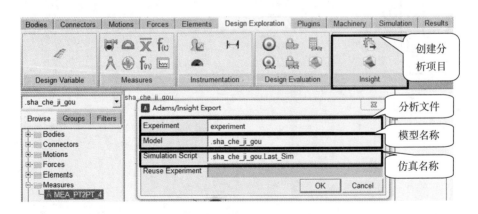

图 9 - 19　分析文件保存对话框

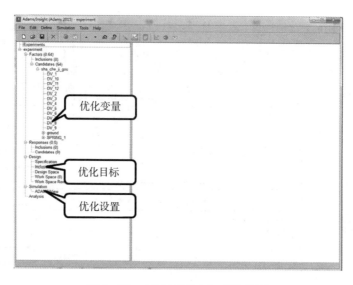

图 9-20　ADAMS/Isight 模块界面

2. 选取优化变量

根据上一节中的分析结果，可以知道哪些变量为敏感变量。图 9-21 中，在窗体左侧选择栏中，在①处选择变量，②处点击，把选择中的变量提升到位置③处，用于敏感度研究的优化变量选取。

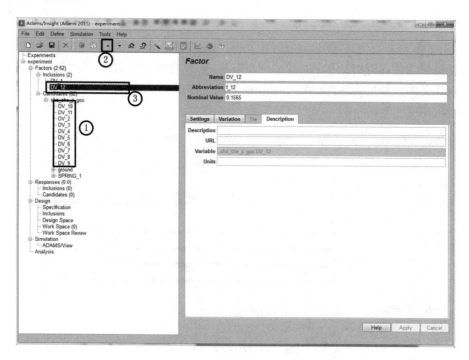

图 9-21　ADAMS/Isight 模块界面（优化变量选取）

3. 选取优化目标

点击图 9-22 中①处的"Candidates"按钮,展开后选择其项目下创建的优化对象,就是在图 9-18 中创建的 Measure 项目,选择后,点击图 9-22 中②处的向上按钮,将分析对象提升到 inclusions 项目下,作为优化项目。

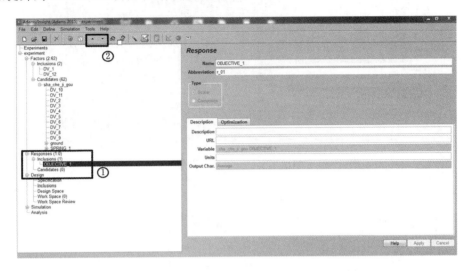

图 9-22　ADAMS/insight 模块界面(优化目标)

4. 分析设置

按分析设置按钮,然后按照图 9-23 所示进行相关设置。

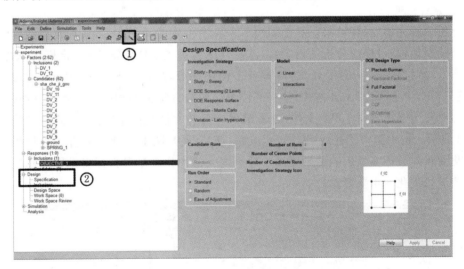

图 9-23　ADAMS/insight 模块界面(优化设置)

5. 分析空间生成

按分析空间生成如图 9-24 中的按钮①,生成如图 9-24 所示的分析空间,如图中的②。然后按分析计算按钮,如图中③,返回 ADAMS/view 模块,自动进行分析计算,分析结果曲线如图 9-25 所示。

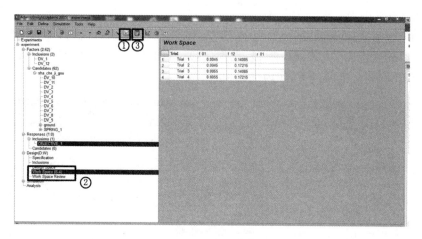

图 9-24　ADAMS/insight 模块界面（分析空间）

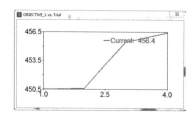

图 9-25　分析结果曲线

6. 分析结果保存

分析计算完毕,保存结果。点击如图 9-26 中①处的 insight 结果查看按钮,弹出图中②处的对话框,可修改分析文件名后,点击"OK",进入 ADAMS/insight 模块,如图 9-27 所示。点击图 9-27 中①处,然后再点击图中②处,导出一个文件,作为分析结果文件,把分析结果保存为 html 格式,保存的位置一般与分析模型相同。然后打开所保存的 html 文件文件夹位置,打开此文件,查看结果。打开文件是以 IE 界面形式打开的,如图 9-28 所示。选中图中①处的"Effects"按钮,IE 会展开图中②处的分析参数结果,查看各优化变量对目标变量影响的敏感度。敏感度大的优化变量对目标变量影响越明显,为进一步进行优化的重要对象。

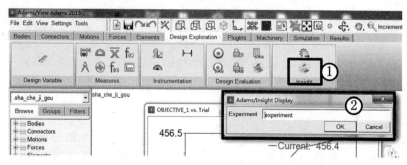

图 9-26　分析文件查看对话框

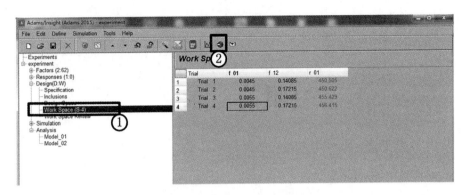

图 9 - 27　ADAMS/insight 模块界面（分析结果）

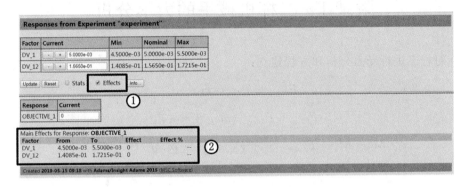

图 9 - 28　敏感度分析结果

　　在本例中，由于选择的变量不好，如图 9 - 25 曲线所示，对目标的影响因子没有计算出来，这种情况在分析过程中会经常出现，因为分析人员在进行优化设计时，往往事先不一定清楚什么变量会对目标函数影响较大。当选择到敏感的变量时，ADAMS/ insight 会计算出敏感值供分析者参考。

附　　录

附录1　二杆机械手的力学分析

① 对杆1进行受力分析和方程建立：

$$F_{01,x} + F_{21,x} = m_1 \alpha_{c1,x}$$

$$F_{01,y} + F_{21,y} - m_1 g = m_1 \alpha_{c1,y}$$

$$M_1 - M_2 - F_{21,x} r_1 S_1 + F_{21,y} r_1 C_1 - m_1 g r_{c1} C_1 = I_1 \alpha_1$$

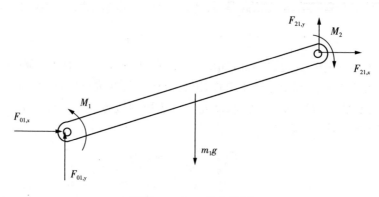

附图-1　杆1受力分析

② 对杆2进行受力分析和方程建立：

$$F_{32,x} - F_{21,x} = m_2 \alpha_{c2,x}$$

$$F_{32,y} - F_{21,y} - m_2 g = m_2 \alpha_{c2,y}$$

$$M_2 - F_{21,x} r_{c2} S_{12} + F_{21,Y} r_{c2} C_{12} - F_{32,x}(r_2 - r_{c2}) S_{12} + F_{32,Y}(r_2 - r_{c2}) C_1 = I_2 \alpha_2$$

③ 负载的动力学分析和方程建立：

$$m_{p1} \ddot{x}_{p1} = -F_{32,y}$$

$$m_{p1} \ddot{y}_{p1} = -F_{32,y} - m_{p1} g$$

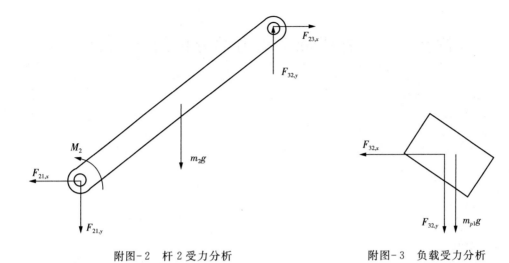

附图-2　杆2受力分析　　　　　　　附图-3　负载受力分析

　　通过以上分析可以得出该模型共有 6 个运动学方程和 8 个动力学方程,加之运动学分析的公式,共可以联立 14 个方程进行求解。

附录 2　二杆机械手动力学分析的 m 文件

```
function out = robot(u)
% u(1) = w1
% u(2) = s1
% u(3) = w2
% u(4) = s2
% u(5) = tor1
% u(6) = tor2
g = 9.8067;
r1 = 0.7;
rc1 = 0.37;r2 = 0.4;
rc2 = 0.20;
m1 = 2.81;m2 = 1.02;
I1 = 0.12;I2 = 0.013;
mp1 = 1.2;
s1 = sin(u(2));s12 = sin(u(2) + u(4));
c1 = cos(u(2));c12 = cos(u(2) + u(4));
a = zeros(14,14);
b = zeros(14,1);
a(1,1) = r1*s1 + r2*s12; a(1,2) = r2*s12; a(1,7) = 1;
a(2,1) = - r1*c1 - r2*c12; a(2,2) = - r2*c12; a(2,8) = 1;
a(3,1) = rc1*s1; a(3,3) = 1;
a(4,1) = - rc1*c1; a(4,4) = 1;
a(5,1) = r1*s1 + rc2*s12; a(5,2) = rc2*s12; a(5,5) = 1
a(6,1) = - r1*c1 - rc2*c12; a(6,2) = - rc2*c12; a(6,6) = 1;
a(7,3) = - m1;a(7,9) = 1;a(7,11) = 1;
a(8,4) = - m1;a(8,10) = 1;a(8,12) = 1;
a(9,1) = I1;a(9,11) = r1*s1;a(9,12) = - r1*c1;
a(10,5) = - m2;a(10,11) = - 1;a(10,13) = 1;
a(11,6) = - m2;a(11,12) = - 1;a(11,14) = 1;
a(12,2) = I2;a(12,11) = rc2*s12;a(12,12) = - rc2*c12;a(12,13) = (r2 - rc2)*s12;a(12,14) = - (r2 - rc2)*c12;
a(13,7) = mp1;a(13,13) = 1;
a(14,8) = mp1;a(14,14) = 1;
%
b(1) = - ((r1*c1 + r2*c12)*u(1)^2 + r2*c12*u(3)^2 + 2*r2*u(1)*u(3)*c12);
b(2) = - ((r1*s1 + r2*s12)*u(1)^2 + r2*s12*u(3)^2 + 2*r2*u(1)*u(3)*s12);
b(3) = - rc1*c1*u(1)^2;
b(4) = - rc1*s1*u(1)^2;
```

b(5) = - ((r1□c1 + rc2□c12)□u(1)^2 + rc2□c12□u(3)^2 + 2□rc2□u(1)□u(3)□c12);

b(6) = - ((r1□s1 + rc2□s12)□u(1)^2 + rc2□s12□u(3)^2 + 2□rc2□u(1)□u(3)□s12);

b(8) = m1□g;

b(9) = u(5) - u(6) - m1□g□rc1□c1;

b(11) = m2□g;

b(12) = u(6);

b(14) = - mp1□g;

%

out = inv(a)□b

参 考 文 献

[1] 约翰·F. 加德纳 . 机构动态仿真——使用 MATLAB 和 SIMULINK[M]. 周进雄,张陵,译 . 西安:西安交通大学出版社,2002.

[2] MSC 公司编写组 . ADAMS 使用手册[Z]. MSC 公司,2015.

[3] 胡晓冬,董辰辉 . MATLAB 从入门到精通[M]. 北京:人民邮电出版社,2010.

[4] 薛定宇,陈阳泉 . 基于 MATLAB/Simulink 的系统仿真技术与应用[M]. 北京:清华大学出版社,2002.

[5] 陈龙 . 空间可展开天线铰链中间隙接触力的确定及其对展开性能的影响分析[D]. 西安:西安电子科技大学,2013.

[6] 孙开元,骆素君 . 常见机构设计及应用图例[M]. 北京:化学工业出版社 . 2010.

[7] 杨国来,郭锐 . 机械系统动力学建模与仿真[M]. 北京:国防工业出版社,2015.